人がヒトをデザインする

遺伝子改良は許されるか

小坂洋右 著

KOSAKA Yousuke

ナカニシヤ出版

はじめに

これは自分自身の経験でもある。長男が生まれる――というその朝、とにかく元気で無事に、とだけ祈った。しかし、それも束の間、幼稚園に入る年頃にもなると、今度は頭はいいか、運動神経は、性格は、と心配になってくる。女の子にだって多少なりとももてる顔かどうか、気にかからなかったと言えば嘘になる。

親ならばだれしも、自分の子どもが恵まれた資質を持ってこの世に生を受けてほしいと願う。それは、社会の荒波を乗り切り、できるだけ多くの自己実現ができる人生を送るために大切な要素だと分かっているからだ。

本書がテーマとする「人間の遺伝子改良」は、まさに誕生してくる子どもの遺伝子に、人為的な増強や改変を加えることで知能や身体能力、望みの容姿などを与えようとする試みだ。根底に子どもの幸せを願う気持ちがあるという点では、ごく一般の親たちの思いと何ら変わるところはない。

現実の遺伝子改良時代の到来は、まだまだ先の、あるいは永遠に実現など望めない夢物語のように見なす人も少なからずいるに違いない。しかし、一組のカップルの精子と卵子から生命の始原たる「胚」をいくつか作り、それぞれの特徴を比較したうえで望みに最も近い胚を選んで産む技術は、すでに確立をみている。そして、アメリカでは治療を超えて、すでに子どもの「デザイン」が始まっている。こうした人為的選択を広い意味の遺伝子改良と見なせば、われわれはすでに遺伝子改良社会の入り口に立っていると言って間違いではないのである。

だが、その先に落とし穴が潜んでいるかもしれない。たとえば、本書が取り上げるエピソードの一つにノーベル賞の受賞者から精子の提供を受ける精子バンク(1)がある。作り話ではない。実際に一九八〇年にアメリカ合衆国で創立され、精子を提供したことを実名で名乗り出たノーベル賞受賞者もいたのである。

方法は遺伝子改良とは異なるが、優秀な精子をもらうことで知能の高い子どもを授かろうとする点で、少なくとも発想は同じである。だが、このバンクは、嘘で塗り固められていたことがのちに知れる。実際には、精子提供者がノーベル賞の受賞者だったのは最初だけで、次第に将来のノーベル賞候補になりそうならいいと条件を広げ、最後は単に頭が良くて背が高ければいいというくらいまでレベルダウンした。

そこで浮かび上がるのは、「理念」なるものは案外簡単に運用で変えられてしまうという現実である。この世に生を受ける一個の生身の人間の命や人生に直接かかわる重大事にもかかわらず……

である。

むろん産み落とされた子どもたちには、口が裂けても「おまえは嘘から生まれた人間なんだよ」とは教えられない。

「ノーベル賞受賞者の精子」と信じて妊娠した女性たちがさらに、後になって思い知らされたのは、精子をもらった相手が匿名の「受賞者」であり、「天才科学者」というイメージの中にとどまっている限りは理想の輝きに満ちあふれているが、いざ生身の人間が目の前に現われると、あっという間に現実に引き戻され、落胆さえも禁じ得なかったことである。ラベルを実体と混同するところから悲劇が生じる。優秀さをうたう精子バンクも、そして遺伝子改良も、そうした見誤りに陥りやすい。


優秀さの追求は歴史的にも、おぞましい悲劇を招いてきた。

優れた子どもを得る、次世代の資質を高めるといった発想の原点は、十九世紀までさかのぼる。進化論で知られるダーウィンのいとこ、フランシス・ゴールトンが創始した「優生学」がそれである。

その後、優秀さへの願望は、特定の民族の優位性や純血の追求にすり替えられ、転じて異民族や弱者の抑圧を生み、ナチス・ドイツによるユダヤ人の大虐殺という拭いがたい惨禍をもたらした。アメリカでも、精神障がい者の断種手術を当たり前のように行なった時代があった。

その傷はまだ癒えてはいない。いや、癒えるはずもない。だが、二十世紀の終わりになると新しい優生学が登場してくる。「リベラル優生学」と呼ばれる新しい学派の眼目は、遺伝子のどこをどう改良すべきかの選択を個々人の自由に任せれば、過去に人間が犯した悪しき優生学の轍《てつ》を踏むことなく、子どもたちに、より大きな可能性を約束できるという点にある。その論理が提唱されて以来、人間の遺伝子改良が許されることなのか、という是非論に限っていえば、欧米では賛成論が反対論をしのぐ勢いで地歩を固めつつあるように見える。それを、私はイギリスでの研究生活で知ることになった。

調べ出すと、驚くべき計画、信じられない事象が過去にあり、現在も進行形で進められ、未来を確実に射程に収めつつあることが見えてきた。

南米パラグアイの奥地に、ドイツ人が建国した純血の国「新ゲルマーニア」があった。精子バンクは今や受精卵バンクにも手を広げ、美男美女サイトが「見目《みめ》麗《うるわ》しい子どもが欲しくありませんか」と精子・卵子を提供する新サービスを始めるに至った。アメリカでは、いくつか作った「胚」から望みに近い胚を選んで産む技術を使って、髪の毛の色や目の色を親に選ばせるクリニックも現われている。

かたや「自殺に誘う遺伝子」から「若さを保つ遺伝子」「肥満にさせる遺伝子」、そして「禁煙を妨害する遺伝子」まで「見つかった」と報道され、その遺伝子さえ変えられれば人生が変わるかのような期待感も漂う。現実の遺伝子は一般に考えられているよりずっと複雑で、人体の設計図と呼べるほど一つ一つの遺伝子は決定的ではない。しかし、そうした風潮は確実に、社会を優生学的な方向へと仕向けつつある。

研究者の中には、資力があって遺伝子改良にも積極的な「ジーンリッチ」階級が将来生まれ、さらに長い年月のうちには「ジーンリッチ人類」として社会に君臨し、子孫を改良しないままのジーンナチュラル人類が滅びていくシナリオを描く優生学者もいる。本書はこうした一連の動きを、過去の歴史的エピソードから今に至る先端技術まで俯瞰《ふかん》して、その背景にあるものや、それがもたらしたものが何かを知ってもらおうと筆を起こした。

もう一つ。こうした問題と向き合うために、「人としての道」を説く倫理学は避けては通れない。近年、隆盛著しいリベラル優生学をはじめ、長く君臨してきた功利主義やジョン・ロールズの正義論、最近来日して多くの人を白熱教室で感動させたハーヴァード大学教授マイケル・サンデルの共同体主義（コミュニタリアニズム）、自由至上主義とも訳されるリバータリアニズムなどを試金石にしながら、「何が許されて、何をなすべきではないのか」「そう言える根拠はどこにあるのか」を考えようとするのも本書の狙いである。

リベラル優生学やヒトの遺伝子改良のどこが脆《もろ》く、危ういのか――を説得力のある形で説明することは、それでも容易ではない。私はさらに、長い時の積み重ねによって成し遂げられた人類の進化や自然淘汰の深遠さに分け入り、「人が求める資質に完全はありえない」ことを人間の本性に照らして論じ、遺伝子工学とともに先端テクノロジーの一角を成す金融工学やロボット工学にも及んでリスクを明らかにしようと試みた。

技術面はともかく、精神面においてわれわれは今まさに、人間の改良を受け入れるか、いったんは立ち止まって考えるべきかの「岐路」に立たされている。そうした喫緊《きっきん》の話題に、しばらくの間、お付き合い願いたい。だが、そうするだけの意味はある。人類が文字通り「未来を握る」タイミングは、後にも先にも今しかないかもしれないのだから……。

人がヒトをデザインする
——遺伝子改良は許されるか——

＊

目次

＊

人がヒトをデザインする

——遺伝子改良は許されるか——

第1章　治療から改良への飛躍

「兄のために君は生まれた　体外受精女児誕生」というイギリス発のニュースが世界を駆けめぐったのは二〇〇二年二月のことだった。

体外受精の成功から二十年以上たっている。だから、それだけでニュースになる時代ではない。記事の核心は、病気の息子（兄）を助ける目的で、いくつもつくられた胚の中から息子の血に最も適合した胚を選び出して娘（妹）を出産したところにあった。

白血病の五歳の子を助けるためには、白血球の型が同じドナーから骨髄移植を受けるか、臍帯血《さいたいけつ》移植が必要である。だが、この場合、ドナーは家族にいなかった。外でも簡単には見つからない。

以前なら、どこかの時点で根本的な治療をあきらめざるをえなかったケースだった。だが、体外受精で同時にいくつも胚をつくることができるようになり、それぞれの胚がどのような遺伝子を持っているかを調べるスクリーニングが可能になって、病気の子に移植しても拒絶反応が起きない白血球の型を持つ弟か妹を「選んで産む」ことが技術的に可能になっていた。

あとは、「それが許されるかどうか」だけの問題だったのだ。

1　遺伝病対策としての着床前遺伝子診断

こうした技術について、多少の説明が必要かもしれない。

体外受精の成功は、卵子と精子を体外で受精させたあと、女性の子宮に戻す前の段階で胚を検査することを可能にした。その一つが、同じカップルの精子と卵子からなる胚をいくつか作り出し、複数の中から望ましい胚を選んで誕生させるこの技術で、「着床前遺伝子診断（PGD）」と呼ばれる。

命のまさに始原といっていい「胚」の段階を生命と見なすかどうかは立場によって異なり、たとえば受精を生命の誕生と見なすカトリック教会は、選ばれなかった胚が無にされるこの技術に否定的だが、生命観の異なる立場や医療面から日本も含めて多くの国で現実には行なわれている。

世には治療がほぼ困難で、なおかつ発症してから長く生きることが難しい遺伝病がある。嚢胞性線維症《のうほうせいせんいしょう》やテイ＝サックス病、ハンチントン病など少なからぬ数の病気が知られている。

たとえば、テイ＝サックス病を発病した子どもは、目が見えない、口がきけないといった状態になり、筋肉の萎縮とともに最後は食べ物を飲み込むこともできなくなって、たいていは五歳ぐらいまでに世を去る。

体内で尿酸が多量に作られてしまうレッシュ＝ナイハン症候群の子どもは、それはそれは痛々しい。自分の唇や指を食いちぎるといった自傷行動がこの病気の特異な症状だからである。さらには発達障害や腎機能障害・腎不全などを起こし、この病気でも長生きすることはない。

四十歳前後に発病し、十年、二十年のうちにじわじわと症状が進むハンチントン病は、手足が弾くような不自然な動きになり、食べ物を飲み込むことも話をすることもできなくなる恐ろしい病気だ。大方は発症から二十年前後で亡くなる。

いずれも根本的な治療法がないことと、遺伝子の異常によって起こる遺伝病であることが共通している。

親から伝わる遺伝性で、しかも遺伝子配列の一か所が問題を起こす病気だから、本人や先祖の病歴から、子どもを作りたいカップルがそうした病気の因子を持っているかどうか、あらかじめ想定できることが多い。そうであれば、こうしたカップルの申し出を受けて、体外受精でいくつかの胚を確保し、一つ一つの胚の遺伝子情報を丹念に読み取っていけば、発症のリスクがない胚を選び出すことができる。だから、着床前遺伝子診断は、そうした単一遺伝子の異常による遺伝病を避けるためにまずは生み出されたといっていい。そして、その技術を応用したのが、「兄を助けるための女児」の誕生だったのである。それが、二〇〇二年の段階でのニュースのポイントだったのだ。

2 「治療」の先へ

† 医療と遺伝子改良の境界線

遺伝病を発病しない胚を選んで子どもを生ませる段階は「治療」と言えた。女児への応用は、本人に対しては治療ではないけれども、女児にとっての兄、親にとっては息子の、その命を救うという点では一般の感覚でモラル的な妥当性も持っている。だから、広い意味で医療の延長上にある。だが、親が望みの子どもを得るという点では、デザイナーベイビーに一歩近づいた出来事とも言っていい。つまり、医療と遺伝子改良の境界線上の実例だったとも言えるのだ。

その後、二〇一〇年春の時点で、着床前遺伝子診断はすでに世界で一万件以上が行なわれ、アメリカでは男女産み分けの希望に応じ、さらに子どもの髪の毛の色や目の色を親が「デザイン」できるまでの状況になっている。

二〇〇四年に第一号が承認されて以来、六年間で約百五十件に達した日本では、先の「兄を助けるために——」といった活用は行なわれていないが、[1]日本産科婦人科学会の会告（指針）に反して、個人病院が無申請で男女産み分けを行なった実例は出てきている。

† 遺伝子改良の第一歩

この一線をさらに越えて行けば、「治療」から「人間の改良」に完全にシフトする。生む前から遺伝子の中身を知ることができるわけだから、極端な話をすれば、「この胚からは運動神経のいい子が育つ」「この胚は頭脳明晰になる」「この胚を選べば、優しい性格の子が生まれる」といった資質、能力、性格までも判別できる時代が来れば、複数の胚の中から親の望みにより近い子を選び取ることができるようになる。

現実には、ヒトのゲノム（遺伝子の全体）に「頭の良さ」や「運動神経」「容姿」を左右するたった一つの遺伝子があるわけではなく、しかも複雑な相互作用や遺伝子が置かれている環境の影響も免れない。だから、胚ごとの資質・才能の一覧表なるものがカップルに配られて「どれが一番お気に入りですか」と判断を委ねられるなんてことは、今のところまったくの夢物語にすぎない。

ただ、肝心なところは、この技術がすでに親が望む子どもを産み出すために使われ始め、人の遺伝子改良に向けた第一歩がすでに踏み出されているということである。

さらに先の段階はどうなるか――。イメージすること自体はそう難しくない。

遺伝子を直接、いじって改変できるようになる。もっと積極的に「遺伝子のここの部分をこうしてちょうだい」と指示、指定できるようになる。つまり、よりダイレクトに望みの資質を持った子どもを生み出すことができるようになる時代の到来だ。

こうしたことが可能になったとして、それをバラ色の未来社会と見ていいだろうか。

3　治療と改良は区別できるか

「治療と遺伝子改良は本質的に別物だ」と反発を覚える向きもあるだろう。「子どもの命を救う行為は認めざるを得ない。だが、自分の子どもの頭を良くしたいとか金髪で生まれついてほしいとか、そういったことは一種のぜいたくであり、わがままだ。そんな欲求を、医療や治療と一緒くたにして推進していいはずがない」。人間の本質に手を付けるためには、もう一段、高いレベルの倫理的承認を必要とするという考えはもっともである。

しかし、治療と改良の間に、実は明確な区別、どこからどっちという線引きができないとの見解もまた出ているのだ。その見方にのっとれば、治療が認められた以上は、人間の改良は阻止できないし、阻止する理由も見あたらないということになる。

†身長が高くならない二人の少年

リベラル優生学のスタンスをよく表わした『偶然から選択へ（From Chance to Choice）』という刺激的なタイトルの本の中で、著者のアレン・ブキャナンらは、治療と改良の間に境界線を引くことができない事例として、「二人の少年」の想定を挙げている。

「ジョニーは十一歳の少年。脳腫瘍《しゅよう》の結果、成長ホルモンが不足し、治療がなされなければ成人になっても一六〇センチの背丈しか見込めない」

「ビリーは十一歳の少年。成長ホルモンは正常だが、両親ともに背が低く、成人になっても一六〇センチの背丈しか見込めない」(2)

病気のせいでつらい思いをするのなら、それを治してあげるのが医師として当然の責務であり、このことに対して異を唱える人はいないだろう。だから、脳腫瘍で成長ホルモンが不足しているジョニーのような子どもに治療を施すことに反対する人はいないに違いない。

では、両親ともに背が低く、遺伝的に背丈が低いことが予想されるビリーのケースはどうなのか。遺伝子に介入する形での改善は許されるのだろうか。

ブキャナンらはまず、二つの例が、いずれも生物的な自然の運によるもので、措置が施されなければ不利益を被り、双方ともに大方の人が抱くであろうごく普通の望みを持っている以上、治療と増強(改良)の区別にこだわることにどれだけ意味があるだろうかと疑問を投げかける。

その先に本質の議論がある。

仮に遺伝子のある特定のパターンがビリーの身長を低くしていると分かった場合。たとえば、特定の遺伝子が成長ホルモンのレセプター(受容体)の感度を鈍らせているとしたら、遺伝子のどこかの変異がジョニーの脳腫瘍を引き起こし、成長ホルモンを阻害しているケースと、いったいどこがどう違うと言えるのか。ビリーの低身長は遺伝子が直接に関与しているし、ジョニーのケースでは、遺伝子が脳腫瘍を起こすことで間接的に成長ホルモンを阻害し、低身長をもたらすことになるわけだから、双方とも原因は遺伝子にあることになる。

こういった事例を突きつけられて、「ビリーを救済の対象にしない理由をあなたはどう説明するのか」と問われると、相手を納得させる答えを見つけるのは難しい。ブキャナンらが言うように治療と改良の境界は、ケースによっては非常にあいまいである。だから「遺伝子に介入する治療は許されるが、人間の本質に手をつける遺伝子改良は許されない」という議論は、それそのものが成り立たないことになるのだ。とすれば、繰り返しになるが、治療に適用されたテクノロジーを遺伝子改良に転用することを阻止する理由付けはできなくなる。

†アメリカの生命倫理評議会の結論

ジョージ・W・ブッシュ大統領の諮問機関「生命倫理評議会」も、治療と改良の線引きの前提となる「病気の範囲」をめぐって論議を戦わせ、結論を二〇〇三年、次のようにまとめた。

「気分変調症〔軽度あるいは中程度の抑うつ気分症〕」、「反抗障害〔いわゆるキレやすい子〕」、「社会不安障害〔対人恐怖症など〕」といった精神医学的診断はどちらかと言えば漠然としており、極端な内気と社会不安症の違いはどこにあるのだ、という疑問をすぐに引き起こす。……「疾患」を生み出す生物学的「欠陥」から内気や憂うつ、怒りっぽさといったものを生み出す生物学的条件をどんな方法で区別したらよいのだろうか。[3]（〔 〕は訳者による）

つまり、生命倫理評議会が至った結論も「線引きは困難」だった。

†人間の本質を変える問題か

ブキャナンらはさらに、子どもに教育やしつけ、訓練などを施し、「環境を整える」ことで子どもを伸ばそうとする試みが当たり前のように許されて、遺伝子を良くしようとすることが許されないのはどう説明がつくのだ、との疑問も突きつけている。

また、遺伝子への介入の方が、「本質を変える、より根本的な改変」のように受け取られがちだが、すべての遺伝子操作が個人の本質にかかわるわけではなく、たとえば、免疫システムの働きを強める遺伝子改良を施された人間は、ワクチン注射を受けたのと変わらないぐらいの感覚でその操作を受け止めるのではないか——とも主張する。[4] さらには「親が食事や栄養に気を付けるかどうかで、子どもの背の高さ、肉体の強さ、病気への耐性が変わるわけだから、それを人体そのものの改変と見ることも可能ではないか[5]」と言うのである。

4　安易に踏み出していいのか

こんなことをつらつら並べ立てていると、本書の意図が、遺伝子改良を進めることにあるのではないか、と勘ぐられるかもしれない。あらかじめ断っておくが、著者は遺伝子改良にバラ色の未来よりも、危惧《きぐ》をより強く抱く一人である。とはいえ、危ない——と声高に叫んだところで、もとよりどのような思想や根拠がそこに働いているかが分からなければ判断のしようもない。その意味でも、遺伝子改良を推進する原動力は何か、をまず探り、そのうえで、そこに落とし穴はないのかを検証していくべきではないかと考えている。

歴史を振り返れば、人間の改良を目指す「優生学」の結末は厄災以外の何物でもなかった。安易に人間の改良に踏み出していいのだろうかという気持ちが少なからぬ人たちの間に今なおあるのも、そうした過去への懸念が頭の中にあるからだ。

次章では、「われわれが何をしてきたか」を知ってもらうために、優生学の「実験」史の中でもとりわけ特異な事例を二つ紹介したい。

まずは南米のジャングルから……。

第2章　とりつかれてきた歴史

1　衰退する「純血の新国家」

†ヌエヴォ・ゲルマーニア

一九九一年三月、一人のイギリス人が南米パラグアイの大河をさかのぼる船に乗り込んだ。年のころ三十歳前後の男性の名はベン・マッキンタイアー。ケンブリッジ大学を出て、ナチス・ドイツを生み出したドイツ思想史を学んだのち、ジャーナリズムの世界に入っていた。

目指す先は、ジャングルの奥地だった。そのどこかに、ドイツ人が理想郷の建設を目指して百年前に入植した新しいゲルマンの国「ヌエヴォ・ゲルマーニア（新ゲルマーニア）」があるはずだった。

出航を待つマッキンタイアーに、現地の人がこうささやいた。

古くに移住したドイツ人たちの土地は「タカルティ」と呼ばれています。「蟻塚」の意味ですよ。そう名付けられたのは、移住したドイツ人の末裔《まつえい》たちが、他者との接触を避け、ことにパラグアイ人と交わることを拒み、ドイツ人同士でしか結婚しないで、古いしきたりを守っているからです。(1)

百年前にジャングルの奥地に消え、歴史からも忘れられたその人びとは、まだその地に息づいて世代を重ねているようだ。マッキンタイアーの胸は高鳴った。

†優生学の誕生

理想郷は、ただドイツ人同士が集まって暮らし、ドイツらしさを移植・再生することだけを目指したわけではなかった。そこでは、ドイツ人がより純度を高め、前の世代より常に能力の点でも上回った子孫を生み出すことが目標とされていた。

百年前という時代、こうした試みの論拠となったのは、家畜の改良だった。

進化論を着想したチャールズ・ダーウィンが、掛け合わせの妙で姿・形もさまざまなハトが生み出される人工交配に着目していたことは有名な話だ。

良いものと良いものを掛け合わせれば、より良いものができる……。少なくとも家畜の世界ではそれが成り立つ。とすれば、人間も優秀な男と優秀な女が結婚することで、より優秀な子どもが得られるはずである。

それを具体的に提唱したのが、ダーウィンのいとこ、フランシス・ゴールトンだった。

ダーウィンの『種の起源』を読んで感激したゴールトンは、ひと言で言えば、「人間の社会形成や文明化は、弱者保護や助け合いの精神を生んだことで、自然淘汰によって本来、子孫を残さずに死んでいくはずの遺伝形質もまた次世代に受け継がせることになった」という発想にとりつかれた。そして、時代は知性に劣った者たちの出生率が優れた者のそれを上回る逆淘汰に陥り、このままでは人間という種は弱体化、劣化を免れないと考えるに至ったのである。

そうした考えを突き詰めていった結果、ゴールトンは一八六九年に『遺伝的天才』という本を出し、「天才」「才能」は遺伝するから、優良なもの同士を掛け合わせる人工交配で家畜を改良したのと同じように、より作為的、介入的な手法で人間も改良できる」というアイデアを示した。そして、そのための学問分野を「優生学」と名づけた。この「学問」はその後、「より優秀な人間を創造する」という目的に直結した。

†純粋なアーリア人の国

優生学を実行に移そうとした試みの一つが、ドイツ（ゲルマン）人の純粋な国「新ゲルマーニア」

の建国計画だった。

時代は一八八〇年代。だからゴールトンが『遺伝的天才』を世に出して十数年という生々しい時期である。

ドイツから南米への移住計画を思いついたのはベルナルド・フェルスター。哲学者ニーチェの妹エリーザベトを娶《めと》ったことも手伝って、ドイツ国内で名前が知られつつあった人物で、「この使命には名前がある。人種の浄化と復活、そして人類の文明の保存である」と、どぎつい言葉を駆使して新しい時代の到来を力強く宣言した。

南アメリカならばわれわれの新しいドイツが見つけられる。そこではドイツ人が純粋なドイツ精神を育《はぐく》むことができるのだ。パラグアイの未開の地のまん中に築かれる新ゲルマーニアは、いつの日か大陸全体を覆いつくす、誉れ高き新しい祖国の核になるだろう。(2)

このころ、優秀なアーリア(白人北方種)的資質を最も強く受け継いでいるのがゲルマン民族(ドイツ人)であるとする学説が頭をもたげつつあった。それゆえに、この地に向かうことを許されたのは、純粋なアーリア(ドイツ人)だけだった。だれもが当時の遺伝学に基づいて「自分は純粋なアーリアである」と主張し、その基準を満たしていることが当時の「科学」で証明されると資格が与えられた。ほとんどはザクセン地方の出身者で、経済的に没落した人びとであったが、没落の原因は自分自身にあるとは考えず、ドイツを経済的に追いつめたのは他ならぬユダヤ人なのだという意識が強かった。

だから、「新しいゲルマンの国」は、アーリアの純度を高め、民族の「優秀な面」をより高めると同時に、ユダヤ人の影響やユダヤ的資本主義の「悪害」から遠く隔たって、理想のドイツ人社会を建設する試みでもあった。

ニーチェの妹であり、フェルスターの妻であったエリーザベトもフェルスターに劣らずガチガチの人種主義者で、反ユダヤ主義を標榜し、アーリアこそが優秀な民族であり、混血が国家の衰退を招くと信じて疑っていなかった。

†入植の開始から行き詰まりまで

「新ゲルマーニア」建設にあたって、フェルスターはパラグアイの首都アスンシオンから北に二五〇キロほど離れた地域に六百平方キロメートルの土地を確保した。最初の移住者は、作曲家の一族を自称するシューベルト家など十四家族だった。

一八八八年三月にフェルスターとエリーザベトが住む家が最初に完成した。とびきり大きく、豪華だったことから、フェルスターホーフ（フェルスター屋敷）と呼ばれることになったその家の落成パーティーの模様を、エリーザベトはこうつづっている。

呼び集められていた移住者の妻たちがコーヒーをいれ、私たちヌエヴァ・ゲルマーニアの住民たちは美しい木陰に寄り添って座りました……だれもがみな素直で誠実なドイツ人の顔をしています。やがて、とても働き者で有能な移住者、エンツヴァイラー氏が歓迎のスピーチをして、グラスを上げ、「植民地の母、万歳」と叫びました。私はもうれしくて……。「ドイツ、世界に冠たるドイツ」の歌に送られて、私たちは家に向かいました。(3)

だが、百区画あった分譲地は、二年たっても三十区画が売れただけで、入植者から集めた資金をフェルスターはじきに使い果たしてしまう。残された手だては借金しかなかった。フェルスターは、新ゲルマーニアにはめったに姿を見せなくなり、もっぱら首都のアスンシオンで金策に走り、出資者を探し、ドイツ本国の知り合いにせっせと手紙を出して頼み続けた。

それも『ベルンハルト・フェルスターの植民地・新ゲルマーニアの真相を暴く』という本がドイツで出版されるまでだった。書いたのは、事前の宣伝文句と入植地での現実の差に不満を募らせて、本国に戻ったユリウス・クリングバイルだった。

フェルスターは愛国者を装っているが、ただの悪党で、貧しい人間を食いものにしているにすぎない。「フェルスターを信用しすぎたのだ」と言って私を咎《とが》める人もいるが、彼のパラグアイの植民地の宣伝が、私を悲惨な目に遭わせたのだ。私がなめた経験、およびパラグアイへ移住したほかのドイツ人がなめてきた経験は、あまりに悲しく、またあまりに理不尽なため、良心にしたがってありのままの真実を伝えなければならないと感じたのである。(4)

クリングバイルが悲惨な暮らしぶりを暴露すると、本国の支援団体もフェルスターを疑いはじめ、寄付金も滞《とどこお》るようになった。

追いつめられたフェルスターは、アスンシオン近郊のドイツ人入植地サン・ベルナルティノのホテル「デル・ラーゴ」に入り浸るようになり、酒に溺れる生活をしばらく送ったのち、一八八九年六月三日、ホテルの一室で冷たくなって見つかった。ストリキニーネにモルヒネを調合した毒をあおって、四十六年の生涯に自らピリオドを打ったのだった。

入植した人びとの不満に追い立てられるようにエリーザベトもゲルマーニアを去って本国に帰る。一八九三年八月のことだった。

† 衰退の兆し

植民地はフェルスターが自殺した翌一八九〇年に、実業家の団体に買い上げられた。その顔ぶれには、イタリア人もいれば、スペイン人、イギリス人、デンマーク人もいた。

が、すでにこのころから新ゲルマーニアには、衰退の兆しが目に見えて現われていた。

「水道もなければ道路もありません。ジャングルのなかに住もうとした人びとは、自然の力によって追い出され、崩れた小屋も放棄された農園もすでに下生えによって覆いつくされてしまっています。フェルスターの事業は完全な失敗でした。そもそもここに人びとを連れてきたことからして罪深いことですが、さらにそのあとに続くように他の人びとを説得したことは犯罪です。フェルスターがあれほど愛したゲーテの訓戒の言葉、「自らを守り通すのだ」は、彼の自殺のあとでは虚《うつ》ろに響きます。今ではすべての移住者がそのことに十分気づいています」と、移住者の一人フリッツ・ノイマンはのちに報告している。

†「ゲルマン人だけの国」

新ゲルマーニアの名が人びとの脳裏に残っていたのはそれぐらいまでだった。その後、久しく話題に上らなくなり、人びとの記憶からも忘れ去られていった。

百年後にイギリスのジャーナリスト、ベン・マッキンタイアーが彼《か》の地を目指そうとした時には、まだ痕跡があるのかさえも分からなくなっていた。

だが、まさに消えゆく淵にあったものの、マッキンタイアーはその集落を探し当てることに成功した。

「私たちは死に絶えようとしているのです。純粋なドイツ人はね。でも、この辺りは今でもコスタ・フィッシャー（フィッシャー河岸）って呼ばれているのよ。クリスマスや結婚式にはドイツの歌を歌って昔風のダンスをするんです」。姓をフィッシャーと名乗った女性からは信じられない言葉が漏れた。年齢を聞くと七十四歳だった。

最初の十四家族のうち、七、八家族は残っており、フィッシャー、シューベルト、シュテルン、シュッテといったドイツ姓を名乗る人びとが生き残っていた。

ただし、彼らは病んでいるように見えた。

さまざまな野菜を育てていたシューベルト家の一人は「世話の仕方さえ間違えなければ、ここではどんな植物だって育ちますよ。最初の移住者たちがあんなに苦労したのが、私には不思議でなりません」と言う一方で、「ただ、放っておいたら、すぐにジャングルが何もかも覆いつくしてしまいます。人間も同じです。ドイツ人たちは罠にはまっているんです。自分たちがけっして理解できない国へ帰るわけにはいかないんだということはわかっているのですが、それでも文化的独立は守り通そうと決心しているのです。近親交配が繰り返され、事態はどんどん悪くなっています。その結果はすでに現われています。私は彼らに話そうとしました。「家畜を繁殖させるときにどうするか、よく考えてごらんなさい」。すると彼らはうなずきます。でも、同じことを続けるのです。やめることができないのですよ」。

子どもの死亡率が上がりつつある。精神的・肉体的に問題のある若い人がかなりいて、明らかに遺伝的な障がいも見られる。牧師は今では親類同士の結婚を拒否しているが、ドイツ人の家族はすでに生物学的にあまりにも複雑に絡み合っており、だれとだれが親類なのかわからなくなっている……。

「ここのドイツ人たちの理想と彼らの共同体を脅かしているのは、山賊ではなく、彼らの理想がもたらした思いがけない生物学的遺産である」。マッキンタイアーは、こう記さずにいられなかった。「これがエリーザベト・ニーチェの純粋なアーリア人植民地の目的だったのだろうか。世代を重ねるたびにますますブロンドと青い目が際立つようになっていくが、同時に退化もしていく一族というのが……。最初の入植者が到着してから四、五世代のうちに、各家族は近親交配を繰り返したために、みんなそっくりになり始めた。それはおそらく創始者たちの多くが、ドイツの同じ地方からやって来ていたためであり、あるいは環境と栄養の影響であろう。長身で頬骨が高く、目は青く髪は金色といった一つの身体的タイプが優勢になっているようだった」と。

2　ヒトラーの子どもたち

南米の「新ゲルマーニア」は完全な失敗に終わった。だが、その精神を受け継いで新しい帝国をヨーロッパに築こうと企図する野心家が現われた。

アドルフ・ヒトラーである。

ヒトラーは、「権力への意志」「超人」といった概念が散りばめられたニーチェの哲学を換骨奪胎して自身の思想に取り込み、言葉を弄《ろう》して人びとを扇動しつつ、エリーザベトとも交流を保った。

未亡人となって国に戻ったエリーザベトは、年を重ねるにつれてヒトラーに傾倒し、ヒトラーもニーチェの言葉を権力維持のために利用すべくエリーザベトとの親交を続けた。

一九三五年十一月八日というヒトラーにとっては絶妙のタイミングで世を去ったエリーザベトの公式追悼式にはヒトラー自身も参列し、イタリアの独裁者ムッソリーニからも弔意をしたためた手紙が届いた。

†生命の泉（レーベンスボルン）計画

ドイツ第三帝国を標榜したヒトラーは、むしろドイツ国内に「新ゲルマーニア」を作り出そうと考え始めた。その一つが、「生命の泉」と訳される「レーベンスボルン計画」だった。

アーリアをより純化することによって、優れたドイツ人がもっと優れた民族となって世を統治する——。この計画はヒトラーの腹心ハインリヒ・ヒムラーと、その忠実な僕《しもべ》である親衛隊（ＳＳ）によって綿密に運ばれた。だが、結末はどうだったか——。

ドイツ降伏後の一九四五年五月三日、ミュンヘン郊外の村シュタインヘーリングにあったレーベンスボルン・ハイム（ホーム）に踏み込んだアメリカ陸軍第八六歩兵師団Ｃ中隊は、玄関に置かれた荷車のゴミの中に、革の長靴を履いたナチスの兵士が死んで横たわっているのに驚かされた。制服には「ＳＳ」の文字がある。

「生命の泉」計画。それは、純粋なアーリア人として選ばれた親衛隊の隊員たちが、これまたアーリアとしての特徴を顕著に持つ女性たちと交わり、より完全に近いアーリア種の子どもを世に送り出すプロジェクトだった。いや、実際に十年近く前の一九三六年からそれは実行に移されていたのである。

ナチスの精鋭部隊として、あるいは冷酷無比な行為で名を知られた親衛隊が、直々にこの施設を守っていたのもこうした理由からだった。守られるべき存在は、そこに収容された約三百人に及ぶ乳児や幼い子どもたちだったのだ。施設を捜索するアメリカ兵の姿を、褐色のシスターと呼ばれたナチスを信奉する看護婦が無言で見つめていた。

† 純血への信仰

レーベンスボルン計画は、ある種の強迫観念を持って遂行されていた。「自然は劣ったもの、弱いものを排除するはずなのに、文明の進歩、医学の進歩は不適格な者も生き残らせることになった」。優生学の開祖ゴールトンの思想そのままに、「意図的な生殖計画を実行しなければ、本来生き残り、繁栄するべき人びとが数を減らし、弱者であり劣った者たちが数を増やす」との危機感が根底にあったのだ。

一八五五年に『人種の不平等についての試論』を著したフランスのアルチュール・ド・ゴビノー伯爵は「古代ギリシアやローマの人びとは、人種的な純血性ゆえに世界を支配するようになった。しかし、異種交配が純血性を薄めるやいなや、彼らは堕落し、活力を失ってしまった」と歴史に根拠を求めながら、異種交配を避けることを推奨した。

ドイツで人種衛生学という分野を生み出したアルフレート・プレーツもまた「社会福祉の改善によって、社会において最も貧しく、また最も不適格な者たちの生き残る率が高くなった。したがって、最良の、また最も健康的な人種的特性を埋もれさせないためには積極的な生殖計画が必要となる」と呼びかけた。

こうした考えは、ヒトラーの野望にもってこいの論拠を与えた。

われわれが今日《こんにち》、人類文化について、つまり芸術、科学および技術の成果について目の前に見出すものは、ほとんど、もっぱらアーリア人種の創造的所産である。だがほかならぬこの事実は、アーリア人種だけがそもそも、より高度の人間性の創始者であり、それゆえわれわれが「人間」という言葉で理解しているものの原型をつくり出したという、無根拠とはいえぬ帰納的推理を許すのである。(5)

アーリア人種ほど優れた民族はいない。というよりもあらゆる文化、芸術、科学はアーリア人種から生み出されたものなのだ、と、著書『わが闘争』の中で高らかに宣言したヒトラーは、進化の原理をかざしてその優秀さを守るための道筋も示した。

〔生命そのものをより高度なものに進化させていこうとする自然の〕意志が行なわれるための前提は、より高等なものと、より劣等なものとの結合の中にではなく、前者の徹底的な勝利の中に横たわっている。より強いものは支配すべきであり、より弱いものと結合して、そのために自分のすぐれた点を犠牲にしてはならない。

……自然はより弱い個々の生物が、より強いものと結合するのさえ望まなかったが、同じように、より高等な人種がより劣等な人種と混血してしまうのは、それ以上に望まないのである。なぜならば、自然によって昔から、おそらくは幾十万年も続けられてきた、より高度なものに進化させてゆくという仕事全体が、一挙に、ふたたび崩れ去ってしまうに違いないからである。(6)

混血こそが、あらゆる文化の死滅の原因である。人間は敗戦によって滅亡はしない。純粋な血だけが所有することのできる抵抗力を失うことによって、滅びるものなのだ――。それこそが、ヒトラーの思想であった。精神的、肉体的に「不適格」と見なした人びとを断種や安楽死という方法で減らし、ついにはユダヤ人、ロマ（ジプシー）、同性愛者を組織的に殺すところまで行き着いたヒトラーは、もう一方で「優秀なアーリア民族から新しい人種を生み出す」という考えにとりつかれていたのだ。

†計画の実行

こうしてレーベンスボルン計画は実行に移された。

「完全なアーリア人」を作り出すための精子提供を求められた親衛隊員は、入隊の時にすでに完全なアーリア人種の家系であることを保証されていたから、あえて資格を問う必要はなかった。

一方、子どもを宿す役目を担う女性は、完全なアーリア人種であることを証明したうえで受け入れられることになっていた。女性は未婚でも構わなかった。実際に運用が始まると、未婚女性が半数を超え、多い時には十人に七人が未婚であった。産み落とされた子どもは、女性に自分で育てる意志がある場合を除いて、生後二、三週間で母親から引き離され、養育はホームが責任を持って行なうことになっていた。そして、子どもがある年齢に達すると、やはりアーリアとして申し分のない家庭に養子としてもらわれていく決まりだった。

人口一億二千万人というアーリア人（ゲルマン民族）の巨大帝国を夢想していた親衛隊の指導者ヒムラーは、じき子どもの数を増やすための手段を選ばなくなった。ポーランドなどの占領国でも、金髪の子どもを親から無理やり引きはがして連れ去り、ホームに入れた。

ナチス・ドイツが占領したノルウェーでは、現地の金髪女性との間に子どもを作ることが望ましいと考えられ、ホームが九か所も作られた。そして、その施設だけで、ドイツ人を父親にノルウェー人を母親に持つ子どもが約六千人生まれたとされる。

ヒムラーは親衛隊員に向かって「親衛隊は歴史を築き上げることのできる血を継承しているのだ。ドイツ内外に再度、この北方種を確立できるのであれば、また、これらの者が土を耕す者となり、その種床から二億の民が生み出されるのであれば、その時、世界はわれわれのものとなるであろう(7)」と未来を予告する熱い言葉を投げかけた。

†ドイツの敗戦と計画の終焉

こうした計画は、ドイツが降伏し、ヨーロッパで世界大戦が終わりを告げた時点でも進行中だった。アメリカ陸軍第八六歩兵師団C中隊が踏み込んだ時、ミュンヘン郊外のレーベンスボルン・ハイムでは、食糧の手だてがつかなくなってすでに数日が経過していたようで、子どもたちは飢餓に陥ろうとしていた。

ナチス・ドイツの理想を体現し、アーリア民族の血をだれよりも濃厚に受け継いだはずの子どもたちは、だれのものでもない「ヒトラーの子どもたち」だった。敗戦のその日までは。アメリカ軍が解放した後、このホームに差し向けられた医師を驚かせたのは、発達遅れに見える子どもたちの数が異常に多かったことだった(8)。戦線が末期症状を呈し、ホームからホームへと転々としたことによるトラウマや、施設に長い間収容されていたこととの反動もあったろう。しかし、少なくともホームの子どもたちには「理想の種」が本来持っているはずの輝きはなかった。

父親も母親も身近にいない。多くが実の父親からも実の母親からも引き離され、その名前さえ知らされなかった子どもたち。彼らにあるのは「より優れたアーリア人種」という誇りだけだった。だが、その誇りもまた、ドイツが戦争に負けた一九四五年を境に呪縛に変わる。

計画初期に産み落とされた子どもでも、そのころはまだ十歳になるかならないかくらいの年齢である。だが、戦犯を裁くニュルンベルク裁判でナチスのしたことが告発され、ほどなく思春期を迎えると、自身の出生に疑問を持ち、あるいはショックを受ける子どもも出てくる。結局は、心に傷を背負ったおびただしい数の子どもが世に送り出されることになったのだ。

†父さんは……いない？

戦争が終わって半世紀が過ぎたころ、レーベンスボルン・ハイムで生まれた女性と、八十歳を過ぎた彼女の実の母親が、仮名を条件にジャーナリストの取材に応じた。娘は一九四二年生まれだから、その時点で五十歳を超えている。

以下、仮名で話を再構成する。

レーベンスボルン計画に共感したインゲは、親衛隊将校で妻子もあったグンターと夜をともにし、娘を産み落とした。が、グンターは一九四六年、戦争犯罪を問われて死刑に処される。

戦争が終わって次々、帰還兵が家族と対面するなか、インゲは娘のグレータに「父さんは帰ってこない」とは言えず、グレータはそれこそ何年も心の奥底で父親の帰りを待ち続けた。が、そのうち、素朴な疑問がグレータの胸の内に宿った。

「私はどうしてお母さんの姓で呼ばれるの？」

父親が戦死した他の子どもたちは、父親の姓で呼ばれている。だが、自分は違う。それはなぜなのか……。

母親のインゲはそれには答えず、「おまえのお父さんはたくましくて、心の温かい人だった。私はお父さんを愛していた」と言うばかりだった。

それでもグレータはじき、親類の集まりなどで父親のことが話題になると、みなが急によそよそしくなることに気づき、自分の出生には何かが隠されていると思い始めた。

十五歳の時、母親との散歩のさなかに意を決して、こう切り出した。

「私の生まれについて、本当のことを話す時がきたわね」

「おまえの父さんはいい人だったのよ」

「そんなことを聞いているんじゃないって分かってるくせに。私が知りたいのは、お母さんがいつお父さんと出会って、いつ結婚して、それからお父さんはどんな風に戦死したのかってこと。お父さんは本当はどんな人だったのか、ということが知りたいのよ」

本当のこと……。いつかこの日が来ることをインゲは分かっていた。やっとのことで、自分は結婚していないこと、父親は別の人と結婚して、子どもも何人かいたことだけを伝えた。

「ねえ、お父さんの手紙を読ませてよ」

グレータはインゲが手紙を大事に保管していることを知っていた。

「個人的な手紙なのよ。私以外の人に読まれるようには書かれていないの。たとえおまえでもね。個人的な話も多いし……」

「でも、私にはその手紙を読む権利があるわ。手紙を書いたのは私のお父さんなんだし、お父さんは死んで、残っているのは手紙だけなのよ。お父さんのことを知ろうと思えば、これしかないじゃない」

何度かのやりとりの後に、インゲはとうとうグレータに手紙を渡した。だが、グレータはそこにながしかの愛情を読み取ることはできたものの、父と母の関係を突き止める手がかりはその中にはなかった。

†苦しみを背負わされた子どもたち

ここまで来ても、インゲはグレータがレーベンスボルン計画で生まれた「ヒトラーの子ども」であるとは言えないできた。

四十歳近くになって、グレータは自分で調べられる限りのことを調べてみようと動き始めた。戦中の資料が保管されているベルリンのドキュメント・センターでは「あなたは閲覧の資格がない」と門前払いされたが、図書館で刊行物を読みあさるうちに父親に関する記述を見つけた。ユダヤ人の死、共産主義者の死、ロマの死、それらに関与した戦争犯罪者の記録だった。

図書館を出た時、グレータは呆然とし、打ちひしがれていた。最初に思ったのは、「このことは秘密にしておかなければならない。友だちには決して知られてはならない。さもなければ、自分は遠ざけられるだろう」という切迫感だった。母が自分について繰り返し言っていた言葉も思い出した。「おまえは父さんにとてもよく似ている」。とすれば、父親の邪悪な部分も自分は受け継いでいるかもしれない。同僚に怒った時の自分、怒りにあふれて行動した時の自分……過去の自分の行動を思い出すとやはり自分が父親の血を色濃く受け継いでいるように感じられた。

しかし、とうとう我慢できなくなった。グレータは、最も仲の良い友人に自分の父親の秘密を明かさないではいられなかった。

「あなた自身が戦争犯罪人ではないし、父親の行為の責任を子どもが問われることもないわ」

友人はこう言って慰めてくれた。が、グレータは完全に割り切ることができなかった。もう一つ、心から離れなかったのは、自分が純潔なアーリア人種をつくるという目的のもとで生まれたことと、その一方で、ユダヤ人やロマが「汚らわしい血」として殺害された歴史的事実だった。「もしかしたら父は、排除した者たちに代わる資源として、自分を見ていたのではないだろうか。ユダヤ人は自分の身代わりとなって死んでいったといってもいいのではないか……」。そんなところまで苦悩は広がった。

精神的なダメージがひどく、友人に勧められるままセラピーに通うと、「もうこれ以上、父親のことを調べるのはやめなさい」と言われた。しかし、従うことはできない。

「丹念に資料を探せば、父の人間的な側面、たとえ些細な出来事でも、人間として許すことができる何かが出てくるかもしれない」。そんな切実な願望も心の隅にあった。

グレータはついに、ベルリンのドキュメント・センターに入る資格を得て、戦争犯罪の生の資料に接することができた。が、父親のグンターが人間愛を持っていたことを示す記録は見つからなかった。願望は願望のまま終わった。

「父は犯罪者であり、その犯罪に見合った罰を受けたのだ……」(9)。

そうあきらめるほかなかった。

グレータは独身を通してきた。自分の人生につきまとう孤独感と拒絶感に苛《さいな》まれながら。

「ガラスの壁を通してしか世間を眺めることはできない、そんな感じがしています。壁があるために、私は、世間と完全にはかかわれないのです」

グレータの喪失感、疎外感は何も彼女一人に限ったものではないはずだ。レーベンスボルン計画で生を受けた何千人という数の子どもたち。それと同じ数の人生が、形は異なれ苦しみを背負って戦後の一歩を踏み出したのである。それが「生命の泉」と名付けられた純粋アーリア出生計画の結末だったのだ。

第3章　リベラル優生学
――亡霊の復活――

1　精子バンクのアイデア

†二十世紀における優生思想の波紋

レーベンスボルン計画に見られた異常ともいえる「民族優越性」の追求、その裏返しとしてのユダヤ人絶滅計画やロマなどへの迫害。ナチス・ドイツの蛮行への反省から、第二次世界大戦後、およそ優生学と名のつくものは強烈な批判にさらされ、研究そのものが避けられ、学問としての命脈も絶たれたかに見えた。

それはアメリカも同じだった。アメリカでも二十世紀前半、一九〇七年のインディアナ州を皮切りに、三十二州で断種法が制定され、精神障がい者や反社会的な行動を取る人への不妊手術が行なわれた。一九六三年までに六万四千人が強制的に手術を受けさせられたとされる。

何より自由と権利を大切にしてきたはずのアメリカ社会も、誤った優生学の影響を免れられなかったのである。というよりも、ナチス・ドイツの人種政策はアメリカの断種法をお手本にした部分があったともされる。ヒトラー自身が「私は非常な関心をもって、その子孫が種族にとっておそらく無価値かあるいは有害であろうと思われる人間の再生産を防止することに関するアメリカのいくつかの州の法律を研究してきた」と言ったとする記録も残されている。(1) むしろ「先輩格」はアメリカの方だったのである。

優生思想は日本にも上陸した。

日本では、感染症なので遺伝病とは同じ措置にはならないはずのハンセン病（癩病《らいびょう》）患者も優生思想の対象とされた。一九〇七年（明治四十年）に患者を療養所に入所させる法律ができ、一九一五年からは所内で結婚する条件として、男性患者に断種が行なわれるようになった。そして、一九三一年に癩予防法ができると、全ハンセン病患者の隔離が始まる。

一九四八年に優生保護法ができると、遺伝性の病気のほか、のちに加えられる精神病や精神薄弱とともにハンセン病も中絶や不妊手術の対象と定められる。不妊手術は本人の同意を得たうえで行なうこととされたが、同意を得てというのは建前で、現実には多くの人が強制的に手術を受けさせられた。

一九九六年まで続いた優生保護法のもとで、行なわれたハンセン病や遺伝病の患者に対する不妊手術は公式記録で総計八十四万五千件で、うち手続き上、本人の同意を必要としない強制的な不妊手術は一万六千五百件にのぼった。

†精子の冷凍保存技術の確立

忌まわしい記憶。その生々しさがゆえに、第二次世界大戦後、優生学という言葉は、発するのもはばかられる状況だった。より良き人間を生み出す優生学的発想に結びつくものは何であれ、世間的には拒絶を免れなかったのである。

それがなぜ、今日のリベラル優生学にみられるような復活に至ったのだろうか。

生殖の世界でまず時代を画したのは、戦後間もない時期に確立された精子の凍結・解凍技術だった。この技術は「将来、解凍した精子から子どもが作れる時代が来るかもしれない。だとすれば、優れた人物の子種を、しかるべき時代の到来に備えて保存しておくべきではないか」というアイデアをもたらした。実現に精力的に動いたのが、アメリカの遺伝学者ハーマン・マラーだった。ショウジョウバエに放射線を当てると突然変異を引き起こすことを突き止めた功績で、一九四六年のノーベル生理学・医学賞を受賞した人物である。

アメリカとソ連が冷戦に突入し、互いに核実験を繰り返すようになると、「大気中の放射線の蓄積が人間を恐るべき速度——進化がとても適応できないほどの速さで変えつつある」と危機感をあおり、「放射線を通さないように、鉛でシールドしたタンクに、世界最高の人間の精子を凍結保存して次世代の生殖に役立てることが望ましい」と主張して回った。

マラーが一九六一年の『サイエンス』誌に発表した「胚の選択」計画は、国家的な事業としてではなく、精子バンクを使って優秀な子孫を生むかどうかは、あくまで家族が決めることであって、個人的かつ自発的な形で進めることが意図されていた。個人の自由に委ねるとするこのアイデアは著名人にも受け入れられ、バーナード・ショーから寄付を受けたほか、『すばらしい新世界』を著して優生学的未来に警鐘を鳴らしたオルダス・ハクスリーにも気に入られた。(2)

† 体外受精の成功

ここに過去の優生学との差別化、さらに次の時代のリベラル優生学の萌芽を読み取ることができる。だが、現実の精子バンクの設立を見ることなく、マラーは世を去る。

精子バンクの活用に道を開く体外受精の成功は一九七八年七月。イギリスで産声を上げた試験管ベイビー第一号、ルイーズ・ブラウンの誕生だった。

不妊に悩む夫婦に朗報となった新技術は、精子の冷凍技術と組み合わせれば、マラーが構想した「最高の精子による生殖」への道を開くことが見て取れた。相手がアインシュタインであっても、J・F・ケネディであっても、アーネスト・ヘミングウェイであっても、精子さえ保存されていれば子孫を生み出せる可能性が出てきたのである。

2　リベラル優生学の勃興

†潮目を変えたヒトゲノム計画

それからさらに二十年。エポックメイキングな事業が世界的に進められていた。人の全遺伝子の解読を目指したヒトゲノム計画である。

ゲノムの基本的な読み取りが終わったのは二〇〇〇年だった。人類はこの時期、さらに潮の大きな変わり目を経験した。

まさに遺伝子ハンティングといっていいムードが一世を風靡《ふうび》する。

「「自殺したい」遺伝子が誘う　イギリスの研究者が発見」「若さ保つ遺伝子見つけた　欠損で老化現象」「「禁煙できぬ」遺伝子のせい」「「小太り遺伝子」発見　糖尿病予防にひと役」「脳細胞死防ぐ遺伝子発見　アルツハイマー治療薬に可能性」――。

「××の遺伝子発見」といった見出しが新聞を飾り、その発見が、いかにも人をさまざまな悩みから解き放つかのような論調が目立ってきた。そう、遺伝子を操作できればアルコール中毒も肥満も解消し、自殺者もいなくなり、天才的な学習能力を身につけた子どもたちがどんどん現われ出てくる……。遺伝子さえ見つけてしまえば。どの遺伝子が担い手なのか、特定さえできれば……。

†喫煙や自殺も遺伝子のせい？

たとえば、一九九八年三月十六日にロイター通信から共同通信を通じて流れた記事は、「「禁煙できぬ」遺伝子のせい」という見出しでこう報じている。

たばこをやめられないのは、意志が弱いからではなくて、遺伝子のせいだ——。こんな言い訳に使われそうな「ニコチンが欲しくなる遺伝子」を米テキサス州のアンダーソンがんセンターのマーガレット・スピッツ博士が発見した。

博士らは肺がんで死亡した百五十六人と健康な百二十六人で調査、全体の一〇%、喫煙者の三〇%がこの遺伝子を持っていた。この遺伝子があると、ニコチンにより脳内の神経伝達物質の生産が刺激され、良い気持ちになりやすく、たばこをやめにくくなるという。

スピッツ博士は、禁煙するためのより効果的な新薬の開発につながる研究としている。

また、一九九六年二月四日のロンドン発時事通信電は「「自殺したい」遺伝子が誘う　イギリスの研究者が発見」という見出しで次のような記事を流した。

【ロンドン4日時事】四日の英日曜紙サンデー・テレグラフは、イギリスの大学研究チームが人を自殺したい気持ちにさせる「自殺遺伝子」の存在を発見したと報じた。この種の遺伝子研究は将来、自殺防止に役立つ半面、「自殺遺伝子」を持つ人が保険加入を拒否されるなど弊害も出るだろうと同紙は警告している。

この研究チームはブリストル大学の精神衛生科のデービッド・ナット教授、ジョナサン・エバンズ博士らで、自殺を図ったことのある多数の人びとの血液を透析した結果、「5－HT」と呼ばれる脳の化学物質の欠乏が判明した。同グループは「自殺遺伝子」が「5－HT」の生成を制御する酵素を生み出し、人を自殺に誘うとみている。

同教授は「遺伝子検査の結果、早期警戒が可能になり、自殺防止の形で人命救助にもなり得る」と、この種の遺伝子研究の利点を強調、「5－HTを増やす薬を大手医薬品会社と共同で研究開発したい」としているが、同紙は「生命保険会社が血液透析を要求し、「自殺遺伝子」を持つ人の保険加入を拒否する恐れも出てくるだろう」と警告している。


われわれが日常で、「僕がそうできないのは、××の遺伝子のせいなのさ」などと表現するようになったのもこのころからだ。遺伝子そのものを変えるという発想への抵抗感も薄らいできた。忌み嫌われていたはずの優生学が、「リベラル」という形容詞をつけて表舞台に出てきたのもこの時期である。精度を増したゲノムの解読が二〇〇三年に完了すると、その空気はさらに強まった。ゲノムの解明は、科学技術の粋を集めた金字塔であったばかりでなく、社会精神面の影響も計り知れないくらい大きかったのだ。

†「許される優生学もある」

「優生学が道を誤り、悲劇を生み出したのは、国家や社会が権力をもって強制的に行なったからであり、個々人に任せて「より良きもの」を自由に選ばせればそうした問題は避けることができる」。それがリベラル優生学の原点だった。

そこには確かに過去の反省があり、アメリカの自由主義的空気にも合致していた。

二〇〇四年に『リベラル優生学（Liberal Eugenics）』という、そのものずばりの本を著したニコラス・エイガーはまず、現在のリベラル優生主義も、優生学の創始者ゴールトンが掲げた「人間の改善」という理想に従っている点では二十世紀のナチス・ドイツやアメリカで制定された断種法と変わりないと認める。ただし、かつての「権力主義的優生学」は国家権力が「人間の善《よ》き生《せい》とは何か」を決定する権限を持ったのに対し、リベラル優生学のもとでは両親が自らの自発的選択に基づいて子どもたちにいかなる遺伝的改良を施すべきかを決めるのだと主張する[3]。

> ヒトラーは優生学が民族的な理想を追求した場合、どのような結果を招くかを、明確に教えてくれた。しかし、私は視点を民族や階級から個々人に移すことで、優生学は支持されるものになると主張したい。私がリベラル優生学と名付けるものの立場に立てば、私たちは「これが善き生である」と国家が決定づける「権威主義的優生学」に「ノー」を突きつけることになる。リベラル

なアプローチから人間の改良を目指す場合、国家は優生的な選択をするにあたって口を挟むことはない。国家の役割はむしろ、改良に向けたテクノロジーが幅広い分野で進んで行くことを手助けするところに置かれ、親たちには新しい技術によってどのような人間を生み出せるかの情報が提供されるようになるであろう。(4)

†「人間を改良する」という思想の定着

こうした理論武装に力を得た新しい優生学の提唱者たちは、人が自身を改良する時代が到来しつつあることをむしろ積極的に喧伝《けんでん》し始めた。

米カリフォルニア大学バークレー校の分子生物学者ダニエル・コシュランドは「人口爆発、環境汚染、資源枯渇、リーダーの深刻な不在といった大きな問題に直面している現在、より優秀な人間、より良きリーダーをもたらしてくれるかもしれない新技術に背を向けるべきではない(5)」と遺伝子改良による人材の輩出に希望を託した。

米プリンストン大学の分子生物学者リー・シルヴァーもまた、今から五百万年前のわれわれの祖先と現代人のゲノムを比べても、わずか一パーセントの違いしかないことを示しながら、「たった一パーセントの遺伝子を改良するだけで、自分の意識を見きわめる能力と、将来の人間の能力の改良につながるさらに進んだ遺伝子改良を計画する能力をもった人間をつくることができるのだ」と訴えた。

シルヴァーに言わせれば、「人間の本質は、それを持った者たちが、それを持たない者たちを完全に追放し、殺すことができるというただそれだけの理由で、この世に存在するようになった」のである。

「もし人間の頭脳に、子孫に伝える自分たちのゲノムのコピーの変化を予測し、管理する能力があるなら、人間の頭脳は、それを存在せしめた遺伝子をはるかにしのいでいる。今や主人と奴隷の立場は入れ替わった。人間には今、遺伝子を管理するばかりか、新しくつくり出す力がそなわったのだ。なぜ、この力を利用しようとしないのか？　なぜ、今までなりゆきまかせにしていたものを管理しようとしないのか？」と、シルヴァーは語気を強める。

✝「過去」と訣別するリベラル優生学

コシュランドもシルヴァーも、遺伝子工学の成果を人間の改良に使わない理由はないというところで一致する。

シルヴァーはさらに、リベラル優生学の考えに抵抗感を持つ人たちに向けて、「私たちはすでに類似のことを子どもたちにしてきたではないか」と訴えかけた。

私たちは、社会や環境の強い影響力によって、またあるときはリタリン〔向精神薬、精神刺激剤〕やプロザック〔抗うつ剤〕のような強力な薬を利用することによって、子どもたちの生命やアイデンティティーをあらゆる側面から管理している。親が子どもにあらゆる方法で恩恵を授ける権

利が認められているのに、人間の本質への遺伝子の積極的な影響を無視できる理由がどこにあるだろうか?(6)

こうした発言には、すでに過去の優生学への後ろめたさはまったくない。ここにおいて、新しい優生学者たちは「過去」と完全に訣別したのである。

第4章 「改良は正義」で突っ走っていいのか

1 ロールズの思想とリベラル優生学

新しい優生学を推し進める前提として、「過去の国家的、集団的優生学から離れて個々人の自由選択に任せればいい」という考えがあることを前の章で述べた。だが、これだけでは推進の力として必ずしも十分ではない。過去の「悪い轍《てつ》を踏まない」ということだけでは、積極的に選び取る根拠が薄いからだ。

そこで出てきたのが、新しい優生学を前に転がす論拠を与える考えである。アメリカの法哲学者ジョン・ロールズの「正義の理論」が、それを用意した。

†ロールズの正義論

それまで、最適な社会政策を選び取る上で、規範ともいえる論理として長らく重用されてきたのが「最大多数の最大幸福」を掲げたJ・S・ミルらの功利主義だった。が、そこにくさびを打ち込み、新しい法哲学を打ち出したのが、このロールズである。

彼はシンプルに、正義にかかわる原理を二つ定めた。

第一は、「各個人は、平等な基本的自由を保障する十分に適切な制度を要求する権利を平等に持つ。それは、「すべての人の自由を保障する制度」と両立可能でなければならない」(1)とする平等と自由の原則。

第二は「社会的・経済的不平等は、次の二つの条件を満たさなければならない。第一に、社会的・経済的不平等は、「公正な機会の平等」という条件のもとですべての人びとに開かれているような仕事や地位に伴うものである。第二に、社会的・経済的不平等は、社会の中で一番恵まれない人びとに大きな利益をもたらすものでなければならない」とする、不平等原理(格差原理)である。

†人生のスタート時点での不平等を解消する

絶対の平等は現実にはありえない。だとして、不平等、格差が生じることが許されるとすれば、最低限、「機会の平等が保証されている」ことが必要であり、「社会的に恵まれていない人を引き上げる視点をおざなりにしてはいけない」というのがロールズの主張だった。

それは、この世に生まれ落ちた人生のスタート時点では、少なくとも明らかな不平等や極端な差があってはならないということにも通じる。不平等を解消するために、「より積極的に差を埋める措置が講じられるべきだ」という方向にも議論が進んでいく。これはリベラル優生学が求める「遺伝子改良」に格好の論理づけとなる。

それればかりでない。個々人の生まれつきの才能や能力を「社会の共通資産」と見なしたロールズにとって、資産の価値を高め、全体を底上げする責任は独り親だけが担うものではなく、社会が負うべき責任でもあった。

平たく言えば、それぞれの人が自分の社会的地位の高低や資産のあるなしをとりあえずはよそに置いてまっさらな心持ち（原初状態）で相談し合う時、みなが一致して求めるのは次世代に優れた遺伝的資質を与え、失わせないことであろうと見なし、それを親だけの責任ではなく、社会の責任でもあると要請したのである。(2)

そうしたロールズの主張を受けて、リベラル優生学者の中でも、ロールズを援用する研究者は、国にも国家としての役割があるとする。

責任ある選択を行なえるよう、国家が人びとに奨励していくことはあってていいかもしれない。そうした決定を行なう際の情報提供も行なえる。最も望ましい遺伝子が受け継がれていくような生殖行為の方法（遺伝子テストなどを含む）を提供することもできる。……われわれの見方では、国家には、未来世代が遺伝的な幸福を得られるような管理者としての役割がある。(3)

ロールズの主張をリベラル優生学にそのまま当てはめれば、人びとの才能、能力を底上げし、ない人に与え、ある人のものをさらに引き上げることは正義であり、遺伝子改良はその正義を実現するための手立て——ということになる。

2　遺伝子改良反対論への反論

†理論武装するリベラル優生学

リベラル優生学は、ロールズの正義論にとどまらず、さまざまな議論を積み上げることによって、さらに自身の砦《とりで》を固めてきた。

多くの人がまずは抱くであろう「未知の部分が多い遺伝子をいじることに危険はないのか」との疑念に対しては「遺伝子工学の実験が多くの障がいを生む可能性があるというのなら、同時に、遺伝子工学の技術的進歩が、現在多くの人が苦しんでいる先天的あるいは後天的な障がいの数を劇的に減らす可能性も勘案しなければならない。このようなリスクの衡量《こうりょう》はむしろ、生殖細胞系列遺伝子工学の研究・実験に肯定的評価を与える方に傾くのではあるまいか(4)」と、むしろポジティブな面を見るべきだと訴える。プラスとマイナスを天秤に掛けた場合、救われる方が圧倒的に多く、危険も将来的に減らせる見通しがあるのなら、まずは採用すべきではないかと、功利主義的な観点から自身の立場を擁護するのである。

ある部分はロールズの正義論を、また別の部分は功利主義の考えを用いて、リベラル優生学は理論武装を固めてきたとも見ることができる。

遺伝子改良にリスクを読み取る危惧に対しては、現在行なわれているどのような手術や医療であれ、絶対の安全が保証されて行なわれているわけではないゆえに、大切なのは適切な安全基準の設定であり、それができるかどうかの見極めではないかとする考えもある。

典型的な反対論にはもう一つ、「人間が神の役割を演じていいのか」という疑念がある。直観的と言えば直観的なこの疑問に対して、リベラル優生学者は「自然への介入を「神を演じる」と言うのならば、遺伝病を防ぐ、治すといった行為だって神の領域を侵すことになるのではないか」と反論する。

障がい者や障がい者団体などからもリベラル優生学は批判的なとらえ方をされてきた。障がい者団体などは「遺伝子改良の思想そのものに障がい者を排除する価値観が読み取れるし、遺伝子が改良できる時代になれば、障がい児を持つ親はそれだけで肩身が狭くなり、社会から批判を受けることにもなりかねない。公的援助も狭まるに違いない」といった懸念を抱く。

これに対しては、「遺伝子への介入は、子どもが障がいを持って生まれてくるのを防ぐのであって、障がい者の人生が生きる価値がないとか、完璧ではない人間はこの世に存在すべきでないといった考えから来ているわけではない」と、まずは懸念を払拭しようと試みつつ、「悪害を除き、子どもに機会の平等を与えることは、正義かどうかの区別なく、親にとっての義務である」と主張する。(5)危惧《きぐ》のうちにはさらに、「親のほとんどは、高い身長、高い知性、高い身体能力、競争的な性格など、似た資質を選ぶに違いない。そうすることで人間の特徴が均質化され、創造性にとって必要な多様性がこの世から失われるのではないか」という進化論的な視点からの指摘もある。

これに対して、リベラル優生主義者は「遺伝子工学が普及するとしても、人類の多様性を損なうほど人の特徴を均質化させるところまでは簡単にはいかない。それは、大げさな見方か時期尚早かのいずれかである」と反論する。

†子どもの可能性を狭めるおそれ

ただし、遺伝子改良を施される子どもの側に立った議論では、子どもの未来を開かれたものにする想定の一方で、反対に将来性を狭め、無限の可能性を限定的なものにしてしまうこともあり得ると、『偶然から選択へ』の著者で、リベラル優生学を信奉するアレン・ブキャナンらは認めている。

たとえば、子どもが社会に適応できない性向や暴力的な性格を持って生まれる可能性があるとすれば、それをあらかじめ取り除いてやることは子どもの将来を広げることになる。だが、親が自身の願望や欲求を押し出すがあまり、「あり得た」別の潜在能力の芽を摘む事態を招けば、それは「子どもの可能性を狭める」ことになる。その兼ね合いは非常に微妙なところにある。だから、ブキャナンも

「必要とされるのは、遺伝子への介入が、子どもたちの開かれた未来への権利を侵すほどに機会可能性を狭めることがないようにすることである」(6)とやや奥歯にものが挟まった表現で検討結果をまとめている。

3　リベラル優生主義への反論

†トレード・オフの視点

こうして見ていくと、リベラル優生学は今や、地歩を固め、技術的にゴーサインが出るのを待って、われわれは自身の改良へと踏み出すほかないような気がしてこなくもない。

本当にそうなのか。

私は、こうした動きに抗することのできる論点が、少なくとも二つはあると考えている。

その一つが、トレード・オフ(取り引き)の現象である。ブッシュ大統領の生命倫理評議会で委員を務めた心理学者のスティーヴン・ピンカーから提起された論点だ。

議長のレオン・カスをはじめ、この評議会は、マイケル・サンデル、マイケル・ガザニガ、エリザベス・ブラックバーンといった哲学者を擁し、深い議論を重ねた。

その中でピンカーは、脳神経細胞の末端で信号を受け取る受容体の数を増やすような遺伝子操作を加えられ、これによって記憶能力が格段に高められたマウスでの実験結果をもとに「マウスは期待通り、素早く迷路を通り抜けることができた。だが、反面、たたかれたり、体を打ったりした時に過敏でひどい炎症を起こす体になっていた」と指摘し、「何かを高める行為は、別の何かを失わずには成し遂げられないかもしれない」と暗示した。

ピンカーはやや詩的な言葉を使って自身の考えを説明している。

悲しみを感じる能力は、愛や献身の心と表裏一体のものである。人間の体のデザインにもトレード・オフがある。もっともわかりやすい例で言えば、男性は平均的に体ががっちりしていて動きも素早いが、寿命は女性よりも短い。これはどこかで関係していることを示すのではないだろうか。(7)

人でわかりやすい事例がある。アフリカの人に多く見られる鎌形赤血球性貧血である。遺伝子の変異によって赤血球の形が通常と異なり、貧血体質に生まれつくが、その代わりマラリアに対する抵抗力がある。つまり、一つの遺伝子が片方で貧血を起こし、片方でマラリアにかかるのを防いでいるということになる。この場合、遺伝子操作で仮に貧血の因子を取り除くと、マラリアにかかりやすくなるというリスクを背負うことになる。

平易な言葉に言い換えれば「いいとこ取りはできない」ということである。

それは、背を高くして、頭を良くして、身体能力を高めて、容姿端麗にして……とあらゆる理想を実現した完全無欠なスーパーマンやスーパーウーマンが誕生することはありえないという結論を導くだけではない。角度を変えると、「競争に打ち勝つ気概を持って、しかも他人と協調してやっていける両方の資質を持った人間が存在できるだろうか」という、人の本性への根源的な命題にぶつかる。どう頭をひねっても、とどまることのない敵愾《てきがい》心と、他人思いの協調心が完全に同居している人格を思い描くことはできない。

どちらか一方を選ぶとなれば、厳しい競争社会を勝ち抜いてほしいとの願いから、親の多くは協調心よりも競争心を選ぶのではないだろうか。となれば、世の中は今以上に競争が激化し、しかもそれが能力が高められた同士で戦われるというすさまじくも悲愴な未来像さえ描きえる。

少し想像力を働かせると、二律背反といっていいテーマは「競争か協調か」だけにとどまらない。従順な人間がいいのか独立心旺盛な方がいいのか、備えるべきは大胆さか慎重さか、はたまた潔癖さか寛容さかなど、究極の選択を迫られる設定はさまざまに出てくる。

結局のところ、どれだけ理想を実現できたとしても、どちらかを捨てることでどちらかを選ぶという形の選択から、われわれはどこまでも逃れることができない。とすれば、リベラル優生学が描く「人類がより良い資質を積み上げていく」未来像そのものに、疑問符がつく。

†ナチュラル・ヒューミリティー

リベラル優生学や遺伝子改良推進論に「待った」をかけるもう一つの考えに「ナチュラル・ヒュー

ミリティー（Natural Humility）」がある。ナチュラルは「自然な」とか「生まれながらの」という意味で、ヒューミリティーは「謙虚な態度」「謙遜《けんそん》」などと訳される。なかなか日本語でぴったりくる訳はないが、二つの意味を合成してもらえば空気は分かっていただけると思う。生命倫理をめぐる課題を洗い出し、討議してきたイギリスのナッフィールド評議会が提示した考えである。

着床前遺伝子診断の活用を求める議論は「生殖の自由に対する権利」に論拠を置くが、私たちは特に「ナチュラル・ヒューミリティー」の問題を指摘しておきたい。

現在、親たちは自分たちが選んだ結果ではなくても、生まれながらのものとして子どもを受け入れている。この態度は、親としての子どもへの愛情の大切な特質とも言える。親が望んだ特徴を持っている持っていないにかかわらず、親が子どもに対して持つ愛がそれなのである。それゆえに、「ナチュラル・ヒューミリティー」の要素を含んだ親の愛情は、子どもをコントロール（支配）しようとする意志とは相容れない。同じく、改良された能力や特別な資質を遺伝的な出生前選択で行なうこともまた、親の愛情とも相容れない。それはだれかがこのような子どもを持ちたいと決める試みにほかならないからである。(8)

† 宮沢賢治のメッセージ

言わんとすることは何か――それはたとえば、宮沢賢治の『虔十《けんじゅう》公園林』を思い出していただければ分かりいいかもしれない。

主人公の虔十はおつむが少々弱くて、いつも笑いながら歩いているから、ほかの子どもたちからはばかにされている。だが、言いつければ水を五百杯でもくんで来る虔十に、おっかさんもおとうさんもそんなことを言いつけようとはせず、温かく見守りながら育てている。ある日、虔十が短い生涯の中でたった一度のお願いをおっかさんにした。

「お母《かあ》、おらさ杉苗七百本、買って呉《け》ろ」。

父さんが「買ってやれ、虔十ぁ今まで何一つだて頼んだごとぁ無《な》いがったもの」と言ってくれたので虔十は苗を買ってもらい、それを植えてせっせと世話し、おがら（成長さ）せる。

虔十は病気でほどなく死ぬ。が、その後も、短く生え揃った杉並木は子どもたちに格好の遊び場を提供し、歓声が絶えない。そして、虔十の死から二十年近くたったある日、その村から出てアメリカのある大学の教授になっている若い博士が故郷に里帰りしてきた。

ああ、ここはすっかりもとの通りだ。木まですっかりもとの通りだ。木は却《かえ》って小さくなったようだ。みんなも遊んでいる。ああ、この中に私や私の昔の友達が居ないだろうか。

……虔十という人は少し足りないと私らは思っていたのです。いつでもはあはあ笑っている人でした。毎日丁度この辺に立って私らの遊ぶのを見ていたのです。この杉もみんなその人が植えたのだそうです。ああ全くたれ（誰）がかしこくたれが賢くないかはわかりません。ただどこまでも十力《じゅうりき》の作用は不思議です。ここはもういつまでも子供たちの美しい公園地です。どうでしょう。ここに虔十公園林と名をつけていつまでもこの通り保存するようにしては。

十力とは、お釈迦さまの知恵の力を指していう言葉である。「十力」という言葉を使ったあと、賢治は物語をこう締めくくる。

「全く全くこの公園林の杉の黒い立派な緑、さわやかな匂《におい》、夏のすずしい陰、月光色の芝生がこれから何千人の人たちに本当のさいわいが何だかを教えるか数えられませんでした」と。

『虔十公園林』の物語が発表以来、多くの人を感動させ、心を動かしてきた理由はよく分かる。ここには親の無条件の愛情が込められているのだ。知恵とは何か、本当に大切なことは何か、幸せとはいかなる生き方か——が、ここに直截《ちょくせつ》に描かれている。

「この子は頭がいいはずだ。そのように遺伝子改良されているのだから」と親がわが子の可能性に過度の期待をかけ、子どもの成績に一喜一憂する家庭が果たして幸せなのだろうか。それとも、いつも笑っていられて、たった一つの望みをかなえてもらったことを糧《かて》に喜びに満ちた人生をまっとうした虔十や、わが子の望みがかなうよう陰日向で支えた虔十の親たちのような生き方が幸せなのだろうか。

4　サンデルの遺伝子改良反対論

スティーヴン・ピンカーとともに米大統領生命倫理評議会の委員を務めたハーヴァード大学のマイケル・サンデルの考えもベースは似たところにある。

サンデルはまず親の愛には二種類ある、一つは無条件で子どもを受け入れる愛であり、もう一つは子どもを伸ばし育てるいわば「形成する愛」であるとする。サンデルの言葉を借りれば、親は子どもをありのままに受け止めるとともに、子どものいいところを伸ばす義務を負っている。ところが近年、「形成する愛」に固執して完全、完璧を求める親が増えつつある、そこに遺伝子改良容認のムードが醸成されうるとサンデルは見て取る。

†「無条件な愛」の重要性

「無条件の愛」が大切な理由を、サンデルは「子どもを、与えられたものと感謝することは、彼らをあるがままに受け入れるということである。命を、与えられたものとして見なすことは、私たちの才能や能力の全部が全部、自分自身で生み出したものではないということを認識させる」とする。

理由付けはさらに続く。

そして、世界のあらゆるものが自分たちの望むがままにできるわけではないことも教えてくれる。与えられた生活の質に感謝することは、〔神々の世界から火を盗んで人間にもたらし、知恵も与えたギリシア神話の神〕プロメテウス的な企てを阻止し、ある種の謙虚な態度〔ヒューミリティー〕に私たちを

導くのである(9)

サンデルの言う「ある種の謙虚な態度」とはまさにナチュラル・ヒューミリティーの考えの置き換えにほかならない。

子どもに資質を与えることは、単純に子どもだけを見ればプラスと言えるかもしれない。しかし、そのことが、大事な親子関係を変質させずにおかないのだとすれば、大きなマイナスがそこに課されることになる。

†「形成する愛」の行き過ぎがもたらすもの

「形成する愛」についてはどうか。これに対しては、リベラル優生学の立場から「子どもに対する教育やしつけ、訓練などがごく当たり前のこととして受け入れられているのに、遺伝子操作で子どもを良くしようとすることが許されないとすれば、それはどう説明がつくのだ」との疑問がかねてから突きつけられていた。とすると、教育やしつけによる子どもの形成は過剰にならない範囲で許されるが、遺伝子改良の手法で子どもをデザインするのはだめな理由もまた、示されなくてはならない。

この問いに対するサンデルの答えはこうである。

しつけや教育も、遺伝子改良も、親の発想そのものに違いはない。しかし、遺伝子選別が妊娠時における所定の手順の一部となってしまえば、選別を拒む親は「向こうみず」とされ、子どもに降りか

かるあらゆる遺伝的欠陥に対する責任を負わされることになる。(10)

それは見方を変えれば、それまで子どもの才能を「与えられ、贈られたもの」として受け入れ、感謝していた親たちが、まっとうすべき自分たちの責任として子どもたちが持つべき才能を選び取らなくてはならなくなることを意味する。そうしたプレッシャーはじきに強制力を持つようになるかもしれない。

†社会の変質という結末

こうした社会の到来は、ひとえに親の置かれた立場に変化をもたらすだけでなく、社会そのものにも影響を及ぼさずにはいない。そこでは、自分よりも不幸な人々との連帯の感覚も薄れてゆくのではないかと、サンデルは危惧《きぐ》する。

分かりやすいたとえとして、健康保険や生命保険がある。保険の考え方を「病気になった時に自分が助かる仕組み」ではなく「健康な人たちが健康でない人に助成金を与える仕組み」と逆転の発想でとらえると、結果としてみれば、そこには期せずして相互扶助が成り立っている。相互扶助の責務を負っているという実感を伴わずとも、人びとはリスクや資源を負担し合い、お互いに運命を共有し合っているのである。

資質や才能も含めて、恵まれていない人に、恵まれている人が与えるべき根拠が、ここに示されている。病気になるかならないかばかりでなく、人生に成功するか失敗するかも、少なからず偶然や運に左右されている。だからこそ社会は、たとえこの現代の能力主義の時代であってさえ、格差のハンディを埋めるべく恵まれた人たちが何らかの責務を負っていると暗黙の了解があるのである。

「だが、よい遺伝子を持つ人々が、悪い遺伝子を持つ人々との保険料の相互負担から逃げ出すようになると、保険の連帯的な側面は消失することだろう(11)」とサンデルは言う。保険はあくまでたとえであって、この側面は広く社会にあてはまる。つまり、恵まれていることが当然であり、恵まれていないのは何かの仕打ちであると見なす社会に、格差を超えた連帯は生まれない。

このような論法で、サンデルは遺伝子改良社会が、これまでの人の心の持ちようや社会のあり方を根本から変え、大切なものを失わせるのではないかと危機を訴えるのである。

5　功利主義的論法の危険性

†ハバーマスの反対論

「人はどんな人格をも、単なる手段として用いてはならない。他者を自分の目的のための道具としてはならない」という人類共通の命題を出発点に、「われわれが自分を道徳的人格と考える時に直観的に前提とするのは、このわれわれは代替不能であり、独自の人格において行為し、かつ判断しているのであり、自分の中からは自分以外の声は語り出していないということである。遺伝子プログラムとともにわれわれのライフヒストリーのうちに入り込んでくる「他者（親）の意図」が阻害的なファクターとなるかもしれないのは、まずはこうした「自己自身でありうること」との関係においてであろう[12]」と指摘したのはドイツの哲学者ユルゲン・ハバーマスだった。

ハバーマスは、親子関係の変化からさらに発展させて、その奥にある「子どもの人格権」のありようを問題にする。

そして、「社会化の運命に耐えるだけで、もっぱらそれに規定された産物でしかないような人格というのは、その人の人格形成に重要だったさまざまな事態や関係や重しの連関の中で、「自分」というものを持たない存在となってしまったことになる。……プログラムされた〔子の〕人格は、変更されたゲノムを通じて作用しているプログラマー〔親〕の意図を、自然的事実と見ることはできない[13]」と言うのだ。

優生主義に基づく遺伝子への介入は、あらかじめ子どもがどうあるべきかを規定することによって子どもの人格を侵し、親にとっての子どもの位置づけを、あたかもプログラマーがプログラムする対象のような関係に変えてしまうとするのである。

✝天秤にかける問題ではない

ナチュラル・ヒューミリティーやトレード・オフの見方を勘案すると、功利主義の論法である「救われる人の数の多さとリスクを天秤に掛けて、救われる方が多いならばまずは採用すべき」とする考えや、「たとえ親子関係が変わることになっても子どもの資質が上がればいいのではないか」とする子どもしか見ていない意義づけは、こと遺伝子操作に関しては危うい論理と思えてくる。

さらに言えば、格差の解消を優先するロールズの「正義の理論」的な考え方に対しても、人間はどうあるべきかの議論を先にしておくべきではないかと考えさせられる。

ただし、ナチュラル・ヒューミリティーの考えもトレード・オフの見方も、リベラル優生学によって打破されない代わりに、新しい優生学を阻止するだけの絶対的根拠にもならない。だから、それぞれの国の基本姿勢によってゴーサインを出す出さないの違いはあるだろうが、いずれ遺伝子改良に踏み込んで行く国や社会が出てくることは避けられないだろう。それは同時に、技術的に可能になった暁には、人間の改良にわだかまりを持ち続ける人たちが一定数、居続け、一方でわが子の「改良」に望みを託して、進んで遺伝子改良を施す親たちが出てくることを予感させる。

社会がそのような形で進んでいくとすれば、その先にはいったいどのような未来が控えているのだろうか。

第5章　二つの人類への分化

1　未来は「改良型人類」の手に？

†人類の遺伝子的な「不完全性」

『利己的な遺伝子』で一躍名を馳せたリチャード・ドーキンスの続編ともいえる本に『盲目の時計職人（ブラインド・ウォッチメイカー）』がある。言わんとしているのは、生物進化の結果、優れた機能・能力を備えた「製品」ができあがったものの、それは目の見えない職人が手探りで選んだ部品をこれまた手探りで組み立てたようなものだ――ということである。

進化はその時その時でより生存に適したものが選び取られていくが、それは最良のものばかりが選ばれるということとイコールではない。言い換えれば、「それぞれのステージで最適のものが生き残る」ことは、「最良のものが選び取られてきた」ことと同義ではないのである。

長い生存競争をくぐり抜けて現在を謳歌《おうか》している数多くの生き物の中でも、ヒトを知能の点で最高の種と位置づけることには、おそらく多くの人が賛成するだろう。だが、「最良の「部品」を集めたのが人間だ」と言うこともまたできないのである。

進化論や生物学の発達に伴って、こうした点が鮮明になってくると、「人類でさえも、くずも欠陥品もまぜこぜになって今に至っているのだ」との認識がリベラル優生学の中で頭をもたげてくる。

この観点に力点を置く生物学者リーロイ・フッドは「われわれは、進化によって用いられる技術とまったく同じ技術を〔遺伝子工学に〕用いている。われわれが思慮深く合理的な方法で試みているのは、進化を容易にして、それが盲目的な仕方で行なわれることなく――ほとんどの変異は中立か有害である――、最適な仕方で行なわれるようにすることである」(1)と人為的に遺伝子を改良していく必要性を強調する。

「良いものだけを選りすぐって人間に与えよう。そうすれば、人間の進化のスピードはより速くなり、しかもよい方向、改善の方向へとまっすぐに突き進む」と言うのだ。

†「人類は退化しつつある」という主張

「人間が進化の結果、生み出された最良のものではない」という認識の裏返しともいえる見方に

「人類の知性は、自然に任せていては今以上の進化は望めない」との悲観論がある。人類はすでに進化をやめてしまった――と自然淘汰の限界を主張する顔ぶれには、先のリー・シルヴァーもいる。

彼は言う。

文明の最も重要な進化上の帰結は、より優れた知性――その基礎が何であれ――はその持ち主に多くの子を持つように導かないということである。知性の自然的進化はもはや止まってしまった。(2)

つまり、高い知性の持ち主はけっして子だくさんではないことも手伝って、徐々に劣勢になっていき、知性の低い者の中に埋没していくと言うのである。(3)

発想の裏側には、優生学の創始者フランシス・ゴールトンが優生思想の根拠とした「逆淘汰（逆選択）」の見方がある。これまでも見てきたように、ゴールトンは「弱者保護や助け合いの精神によって、知性や能力が劣った者たちの出生率が優れた者のそれを上回るようになった」と、人類の危機を説いて回った人物である。

二十一世紀の新しい優生学は「子どもにより良い資質を与えたい」という親の願望をいかに実現するかを主軸にしている観が強いが、もう一つ、忘れてはならないのは、リベラル優生学もまた、人類は自然淘汰に逆らって「逆淘汰（逆選択）」に向かっている、進化ではなく退化に傾きつつある——という見方を引きずっていることである。

そして、「自然淘汰による知性の進化は止まってしまった」との見方をかざすことで、シルヴァーもまた「これからは進化の担い手はわれわれ自身なのだ」「われわれが手を加えなければ、進化はもう望めないのだ」とする改良思想に根拠を与える。

私は、人間の精神のさらなる進化が今後起こると確信している。従来と異なるのは、その駆動力である。自然的進化の代わりに、今日の人類は自己進化を始めようとしている。……今後われわれが、「代価なしに知性を改良する方法」を考え出せないとは信じられない。その技術は今日、ほぼ目前までやってきているのだ。……自己進化を促す駆動力は明らかである。親は常に、自らの子に生活上の最大限の利益を与えようとしてきた。知性の改良ほど有利なものがあるだろうか。需要のあるところには、市場が生まれるであろう。(4)

シルヴァーの立場を取れば、人類がこれ以上の進化を遂げるためには自らの手で遺伝子改良に積極的に取り組んで行くしかないことになり、彼はそこに有望な市場も見出すのである。

†「ジーンリッチ」と「ジーンナチュラル」

医療に限らず、自家用車や飛行機などでも、当初は裕福な階層しか利用できなかったのがやがて一般の人の手に届くようになった。だから、シルヴァーは遺伝子改良でもそういう展開が起こりえると主張する。

それは同時に、人類そのものが二つに分かれていく可能性も含んでいる。シルヴァー流の言い方をすれば、お金があることで遺伝子レベルで子どもをどんどん改良していける「ジーンリッチ」と、資力がない、あるいは思想的に改良を望まない親から生まれる昔ながらの「ジーンナチュラル」という二つの階層への分化が起きてくる。

シルヴァーが著書『複製されるヒト』の中でシミュレートした西暦二三五〇年の世界は次のようになる。

一流の学者によって構成されるその委員会が準備していた声明は次のようなものだ。

遺伝学の知識の蓄積と、遺伝子改良技術の進歩が、今後も現在と同じ割合で進めば、西暦三〇〇〇年までに、ジーンリッチ階級とナチュラル階級は、ジーンリッチ人類とナチュラル人類――交配不可能なまったく別の人種になり、両者のあいだに生まれる恋愛感情は、現在の人間がチンパンジーに対して感じる程度のものになると予想される。

……国会議員、事業家、その他の専門家、スポーツ選手、芸術家、芸能人は、皆、ジーンリッチ階級に属している。ナチュラル階級は、最も才能豊かな人でさえ、これらの分野で高い地位を得ることはできない。

……初期の遺伝子改良の研究者たちは、病気の予防と、性質の改良のあいだにモラルの境界線を引いていた。子どもの病気の予防をとやかく言う人がどこにいるだろうか？　だが、やがて、その境界線は、想像上のものであることが明らかになった。すべてが、遺伝子改良なのだ。どれも、遺伝子改良を受けなければ持ちえないある種の利点を提供するために行なわれる。それのどこがいけないと言うのか？　子どもたちがより恵まれた人生を過ごす手助けをしてやることが、どうしていけないと言えるだろうか？(5)

シルヴァーの言い回しには、このような未来が決して悪いものではなく、むしろ歓迎すべきものという響きがある。

†ネアンデルタール人のように滅びる

ある人はこのような未来像を、ネアンデルタール人と現生人類（クロマニヨン人）という二つの人類が生存していた人類史と重ね合わせるだろう。過去に二つの人類が同時並行的にこの地球上に存在しながらも、ネアンデルタール人は三万年から二万数千年前に絶滅の道をたどった。

ニコラス・エイガーは著書の中で「リー・シルヴァーが描いたジーンナチュラルとジーンリッチが別々の人類に分化する未来は、ネアンデルタールが絶滅した三万年前以降、われわれが経験していないことが起きることを意味する」と書いたうえで、「遺伝子改良を受けなかったわれわれの子孫は、排除され、消滅するというネアンデルタールと同じ運命をたどるのだろうか」(6)と投げかけている。

研究者の中には、生存率の違いに着目して、クロマニヨン人のそれがわずかに高かったがゆえにクロマニヨン人が繁栄し、ネアンデルタール人が絶滅したとして、数理モデルを提示した者もいる。脳科学の見地では、ネアンデルタール人もクロマニヨン人も脳の容積ではそれほど違いがなく、むしろネアンデルタール人の方が勝っていると見ることもできる。だが、脳の構造そのものに違いがある。ネアンデルタール人はどちらかと言えば身体能力に優れた脳の造りで、一方のクロマニヨン人は創造性を司る前頭葉が発達しているところに特徴がある。

とすれば、何が生存率の違いを生み出したか――それは単純な知能とか脳の容積にとどまらない、かなり複雑な要素が絡み合っていると見なすべきなのかもしれない。

いずれにしても、わずかな生存率の違いが過去に、二つの人類の明暗を分けたのだとすれば、確かに未来社会でも、遺伝子改良を施されて能力を高めた人びとの方に勝算があるのかもしれない。そんな可能性を前に、われわれは遺伝子改良へのステップをためらうことができるだろうか。そこに踏み出した人びとを、指をくわえて眺め続けることができるだろうか。

2　遺伝子改良は未来の繁栄を約束するか

今の人類の中から生存能力がわずかでも高いタイプが派生してくれれば、そちらが唯一の人類として未来の繁栄を勝ち取ることは確かに想像に難くない。

† 反ユートピア『すばらしい新世界』

しかし、それ以外のシナリオはないのだろうか。

小説ではあるが、オルダス・ハクスリーが一九三二年に著した未来小説『すばらしい新世界』には別の結末が書き込まれている。

『すばらしい新世界』の時代、人間は優秀さや指導力によってアルファ、ベータ、イプシロン、ガンマの四階級に分けられ、支配者があらゆる欲求を満たし、人びとを「養育してくれて」いる。世界を支配する最高権威者は十人おり、総統と呼ばれて崇拝されている。そして人びとは服用すればたちまち幸福感に満たされるソーマに薬づけにされ、病気も社会的葛藤も孤独も苦悩もなく、自分たちが管理されていることすら感じることなく、ただただ人生の時間が過ぎていく……。

総統は語る。

社会は安定している。人々は幸福だ。欲しいものは手に入るし、手に入らないものはみんな欲しがらない。激情や老齢などというものはさいわい知らない。妻や子供や恋人などという、はげしい感情の種になるものもない。当然振舞わねばならぬようにしか振舞えないのだ。そのように条件反射訓練を受けているのだ。それでも何かうまくゆかないようなときは、ソーマ〔幸福薬〕というものがある。(7)

ユートピア（理想郷）の反対を意味するディストピアの未来小説と紹介されるこの本の中で、実はハクスリーは次のようなエピソードも描いている。

これは実験と呼んでいいかもしれない。総統たちはキプロスの島からその住民をみんな追い出してしまって、特に二万二千人の〔最も優れた階級である〕アルファの集団を住まわせることにした。彼らには農工業のあらゆる設備や道具を手渡して、好き勝手にやらせることにした。

ところがその結果は、まさに理論上での予想を完全に裏書きすることになった。しばらく低級な仕事に振り当てられた連中はみな高級な仕事にありつこうとして、絶えず陰謀を企て、高級な仕事をもつ連中はみな何が何でも現状にしがみつこうとしてこれに対抗して陰謀をたくらむ。六年とたたぬうちに彼らは申し分のない内乱を引き起こしているという始末だ。二万二千のうち一万九千まで殺されてしまった時、残存者たちが世界総統たちに島の統治をもう一度〔総統自身に〕

やって欲しいと嘆願してきた。かつてこの世に存在したアルファたちだけの唯一の社会は、こんなふうにしてその終わりを告げたのだ。(8)

ジーンリッチが「より競争的」な子孫を限りなく求めていけば、非常に不安定で闘争的な社会ができあがるかもしれない。つまりは、高度な能力を授かったジーンリッチだからといって、より発展的な社会が築けるとは限らないし、持続的な社会すらおぼつかないかもしれないのだ。

†長期的な展望を持てない宿命

人類の進化を遥かにさかのぼって見てみれば、現生人類は、幼児期の成長を遅らせ、成人になるまでの時間を長くすることで、脳の巨大化を図り、育児や教育の機会を増やすという一種のトレード・オフを経てきた。それが文明を生みだす力を人間に与えてくれたと言っていい。

トレード・オフなしで、脳の巨大化や創造性を獲得できる道があったかどうかは分からない。いずれにしても、この事実を人間自身の手による遺伝子改良に当てはめてみる時、単純にスピードアップすることが能力の向上や発展性に直結するという見方が短絡的過ぎることは明らかだろう。それは同時に、「われわれは、自分の成長を遅らせることで何かを得るなどという遠大な発想を持つことができるだろうか」という問題提起にもつながる。わずか数十年、せいぜい百年の寿命しかなく、親、祖父母、子、孫など前後二世代、三世代ぐらいしか現実感を持って見通せない人類が、果たして「早くできるだけたくさん成長する」という分かりやすい目標を棄てて、あえて一万年後、十万年後の実を取るような道を選択できるだろうか。

3　進化に「目的」を加えるという選択

†子孫は「弱くなる」

進化を視野に入れて遺伝子改良の是非を考え始めると、遺伝子改良に「目的」が入り込むことを良しとするかという問題とも向き合わなければならなくなる。

ダーウィンが看破した生命の進化は「目的」を必要としない。環境に適した生き物が生き残った結果、環境に合った形で生き物が暮らしているように見える生態系ができあがる。これはあたかも、個々の生き物が生態系に合わせて生きることを欲しているようにとらえられがちだが、結果として適応しているのであって、適応しようとしてきたわけではない。進化はあくまで「無目的」なところから出発し、今なお無目的であり続けているのである。

人為的な遺伝子改良は本来、無目的な進化に「目的」を注入することになる。それは果たしてどのような結果を生むのだろうか。

オックスフォード大学マグダーレン・カレッジ（モードリン）のフェローで、『ナルニア国物語』を残したC・S・ルイスは、すでに二十世紀の前半という時代に「ある世代が優生学と科学教育によって、望ましい子孫を作る力を得たとしても、それからのちの人間は、すべてその力の犠牲者となる。彼らは弱くなる。強くはならない。なぜなら、われわれは彼らの手にさまざまなすばらしい機会を与えるのかもしれないが、それをどのように使用すべきか、われわれがあらかじめ定めてしまっているからである」(9)と予見した。

表現の仕方こそ違うが、ドイツの哲学者ハンス・ヨナスもまた、「これは誰の行使する力なのだろうか？　誰が誰に対して行使するどんな力なのだろうか？　おそらくは、今の人間が将来の人間に対して行使する力なのではなかろうか。今日の企画家たちの決定が先に存在していることにいかなる防御もできない、ただの対象でしかない将来の人々に対する力なのではなかろうか。今日の力の裏側には、将来に生きる者が死んでいる者の奴隷になる事態があるのだ」(10)と予言した。二人とも、子どもになにがしかの意志をあらかじめ注ぎ込むことが人類にとってプラスにならないとの認識で一致している。

ヨナスの無二の友だった哲学者ハンナ・アーレントの問題提起は、一見、方向がまったく異なるように見えるが、根底のところでは共通している。

その主張は「どんな誕生であれ、それとともに世界に到来する新たな開始というものが、この世界で重要となりうるのは、新しくやってきたこの到来者には、自ら新たな始まりとなる能力が、つまり新たな始まりとなる行為をする能力が備わっているからである」(11)というところにある。

ユダヤ人の迫害が激化するドイツからフランスをへてアメリカに亡命後、ナチス・ドイツやソ連のスターリニズムの確立過程を分析して、『全体主義の起源』を著した現代思想家の、人間社会を透徹する眼力がこの言葉に現われている。

新たな誕生が一つのライフヒストリーの始まりを意味するだけでなく、世界にも新しい息吹を吹き込み、予期しない何かをもたらし、社会を変更する力になりうるのだとすれば、先の代が後の世代を規定することは、こうした変革の力をそぐことになるのである。

†「無目的」の重要性

イギリスの遺伝学者スティーブ・ジョーンズ(12)は『遺伝子＝生／老／病／死の設計図』の中で次のように述べている。

進化はいつでも、ゼロからスタートするのではなく、自らの弱点を土台にしてものを作り上げていく。大きな計画《グランド・プラン》が欠如しているからこそ、生命はこれほどまでに環境に適応することができるのであり、最高の楽天家ともいえるわれわれ人間もこれだけうまくやっていけるのである。生命が功利主義的なアプローチをとっている以上、進化の未来を予想するのは難しく、それだけ危険でもある。(13)

ジョーンズは、フランシス・ゴールトンが創設したゴールトン研究所の所長も務めた人物だが、著作の中にはこんな表現もある。

人類の次の段階は、遺伝学が人間の生物学的未来を入念に計画するような段階なのではないかという不安を多くの人が抱いている。しかし、これは科学を買いかぶりすぎているというものである。生物学的な変化を意識的に起こそうというどんな試みよりも、偶然の変化——誤りによる進化——の方がたいていは重要なのだ。(14)

† 生活環境の改善がもたらした不測の事態

たとえば、ぜんそくがなぜ、現代社会にあって増加の傾向を示しているか——を考えてみることは、進化に「目的」を注入する適否を考える上で参考になるだろう。

ぜんそくの増加には、現代の衛生的な環境が影響しているのではないかとの見方が近年、なされている。単純化して言えば、衛生的になったことが、免疫システムのバランスを崩したのである。

免疫系の一つに、Ｔｈ１ヘルパーＴ細胞とＴｈ２ヘルパーＴ細胞が互いに抑制し合う仕組みがある。人間の体は、子どものころにさまざまな菌にさらされることを前提として進化しており、この免疫システムは寄生虫と戦っていた石器時代には効果的でバランスが取れていた。ところが、衛生的で菌が少なく、予防接種が施された現代社会ではＴｈ２系が過剰に活性化されて腸壁から寄生体が洗い流されるようになった。その結果として花粉症やぜんそくに罹りやすくなったという考えである。

公衆衛生の向上や清潔志向の高まりは、病気を減らすという点で基本的に望ましいことのはずで、人間はその方向を目指して生活環境の改善を続けてきた。だが、それが免疫システムのバランスを崩し、別の病気の遠因になっているとすれば、まさに逆説的である。

糖尿病にも同様の説明が成り立ちうると考える人がいる。

飢餓にさらされることが多かった太古の時代には、脳細胞の壊死や自然免疫系細胞の弱体化を起こさないために、血糖値を下げないことが最も重要な生存戦略だった。だから、糖（グルコース）が脂肪細胞などに蓄えられるのを阻止する機構が効果的に働いていたのである。だが、飽食の現代先進社会では、栄養がどんどん入ってくるという、想定と正反対のことが起きた。体の方は変わっていないにもかかわらずである。

そうなると、太古の時代に獲得した機構が血糖値を過剰にというか、不必要に高いまま維持する事態を招きかねない。それが糖尿病や血管障害を引き起こしているというのである[15]。

これらの事例は、社会の念願であり、われわれの体にもプラスに働くはずの衛生状態の改善や飢餓・貧困の克服さえも、思わぬ厄災をもたらしかねないことを示している[16]。

つまりは、その時々の社会に最適な資質を選び取れる時代の到来が、社会や環境の変化にもろい人間を生み出してしまうシナリオも、あり得なくはないのである。「今」に敏感に呼応して、大多数の人が同じ方向を目指せば、人類は全体として危機にさらされるリスクを背負うことになるとも言えるのだ。

4　未来に対する責任

†進化のレールを切り替えるべきか

進化の方向付けを人類が主体的、積極的に行なって、レールのポイントを切り替えるべきである——との考えをめぐっては、「われわれはどこまで未来に対して責任を取るべきなのか」という別次元の問題とも向き合わなくてはならない。

親の自由な選択に委ねることで、過去のおぞましい国家的・社会的優生学から脱却できると説くのがリベラル優生学だった。そこには「選ぶ」という行為を行なった個々人の責任があり、最低限、望みの遺伝子を与えた自身の子どもに対する責任はあるだろうが、未来の世代に対する責任や、自身が所属している集団への責任は派生しない。しかし、「自分には、未来世代にする責任はない」という認識で、果たして遺伝子改良という「ポイントの切り替え」が行なわれていいのだろうか。

それではいけないと直観的に感じる人はおそらく、かなりの数いるに違いない。正直、私自身もその一人である。ただ、それをきちんと主張するためには、説得力のあるそれなりの根拠が必要となる。

†共同体主義の「過去に対する責任」の考え方

その根拠となる一つは、「われわれは、祖先が行なった「過去の」行為にも責任を持たなければならない」とする共同体主義（コミュニタリアニズム）[17]の発想にあると私は思う。

マイケル・サンデル[18]は「自分たちは戦後生まれだからナチス・ドイツの残虐行為に責任を持つ必要はない」とするドイツの若者世代の主張や、「自分は奴隷を持ったことも使ったこともないから、昔のアメリカ人の奴隷制度に後ろめたさを感じて謝罪や補償を行なう必要はない」とするアメリカ人、さらには従軍慰安婦問題をきちんと清算しようとしない日本政府の実例を挙げつつ、そういった人びとや国家の発想に「違う」と言える理論がこれまでなかったことを、アリストテレスの哲学、功利主義、エマニュエル・カントの自律的意志、ロールズの正義論、リベラリズムの弱点を一つ一つ列挙しながら明らかにした。

そのうえで、それらを乗り越える思想として、次のようなアラスデア・マッキンタイアの言葉を紹介する。

> われわれはみな、特定の社会的アイデンティティーの担い手として自分の置かれた状況に対処する。私はある人の息子や娘であり、別の人のいとこや叔父である。私はこの都市、あるいはあの都市の市民であり、ある同業組合や、業界の一員だ。私はこの部族、あの民族、その国民に属する。したがって、私にとって善いことはそうした役割を生きる人にとっての善であるはずだ。そのようなものとして、私は自分の家族や、自分の都市や、自分の部族や、自分の国家の過去からさまざまな負債、遺産、正当な期待、責務を受け継いでいる。それらは私の人生に与えられたも

のであり、私の道徳的出発点となる。それが私自身の人生に道徳的特性を与えている部分もある。……だから、個人主義の流儀で自己をその過去から切り離そうとするのは、自分の現在の関係をゆがめることだ。(19)

人が完全な個として存在し、生きているわけではなく、過去からの連続であり、集団の中の一員としての位置確認を無意識の中で行ないながら生きているという感覚が、この言葉の根底にある。だとすれば、われわれは相応の責任、責務を歴史の中でも集団の中でも負っていることになる。

ここまでがサンデルの言う過去への連帯責任である。

†「個人の自由」ではすまされない選択

私の考えはもっと別なところにある。その発想のベクトルを反対に未来に向けた時、われわれは単に自分自身や自身の子どもだけに責任を持つわけではなく、より遠い未来や自分が属する集団に対しても相応の責任を負っているといえるのではないだろうか。であれば、未来を決定づける「ポイントの切り替え」は、「個人の自由だから」というだけで行なうことはできない。

ただし、サンデルが持ち出した「共同体主義」も、道を誤れば、異常な国家主義や半ば強制的な祖国愛、郷土愛に道を開いてしまう危険がないわけではない。また、想定される共同体も、家族から国家まで空間的にも時間的にも多重で輻輳《ふくそう》しており、その価値観もまた複雑である。だから、方向を見出すのは容易ではない。そこには「自由」対「責務」、「意志」対「連帯」のせめぎ合いもあるだろう。

これは簡単には答えが出せない問題を含んでいる。だが、だからといって素通りはできない。というより、難しい問題をどんどん洗い出すことこそが、新たな段階を目前にした今、すべきことなのだろう。

次に取り上げるテーマもまた難しい。そして、より悩ましくも重たくもある。

第6章　悪意を封じるための最後の手段

1　殺し合うヒトの本性がこのままなら……

†人間の負の側面を消し去りたい

二〇〇三年に米英両国が戦端を開いたイラク戦争は、二十一世紀に入っても人間は戦争から逃れられないことを如実に示した。

遺伝子改良に期待をかけるもう一つの論拠に、人間の残虐性や暴力、対立といった負の部分をなくすためには、もうこれしか残っていないのではないかとの悲観的な見方がある。

人間のそうした「どうしようもない部分」にことさら心を砕いて遺伝子改良の道を考えた人物がジ

ヨナサン・グラバー[1]だった。

オックスフォード大学の教壇に立っていた一九八〇年代に著した『未来世界の倫理』でまず、「積極的遺伝子工学〔遺伝子改良〕によって、われわれが、人間本性を変化させようと試みることは、正当化できるだろうか[2]」という大胆な問題提起を行なった。

「おそらく、危険の方が利益より大きいだろう」

そう含み置いた上で、グラバーは「われわれの本性を変化させるという方針に反対する側にまわることは、それほどたやすくない。人間という種を今あるがままに保存するというのが受け入れることのできる選択肢だと思えるのは、テレビでニュースを見て世界の状況に満足できる人たちだろう。この〔人間の本性をそのままにしたらという〕考えを支持してくれるのは、二十世紀の歴史を子どもに話すときに、触れずに済ませられたらよいのにと思うようなことがないような人たちだけだろう[3]」と思いをぶつけた。

「テレビでニュースを見て」云々《うんぬん》の部分は、日々伝えられる民族紛争や内乱、異民族の虐殺のことを指している。遺伝子をいじり、本性を変えるなどということは、ためらいなく求めるべきものではない、リスクがそこにあることも承知している、だが、それでも、争い、殺し合うヒトの本性がずっとこのままなら、いっそわれわれは自身の改造に踏み込んだ方がいいのではないか……そんな思いを込めたのが、『未来世界の倫理』だった。

† 戦争であらわになる残虐性

そののちロンドン大学キングズ・カレッジで医療倫理研究センターの所長を務めることになったグラバーは一九九九年に刊行した『人間性――二十世紀のモラル史（Humanity : A Moral History of the Twentieth Century）』で、ベトナム戦争や広島・長崎への原爆投下、ナチズム、ルワンダの部族紛争などを実例として挙げながら、人間の残虐さを逃れがたいものとして描き出した。

その中には中東にかかわる部分もある。サダム・フセインのイラク軍が一九九〇年八月のクウェート侵攻で占領地の人たちにどんなことをしたのか――ぞっとするような残虐行為が記されている。

十九歳の息子を連れ去られた〔クウェート人の〕親に、イラクの将校が「もうすぐ息子は解放される」と伝えてきた。両親は喜び、ごちそうをつくって息子の帰りを待ったが、家の前に止まった車から降ろされたのは、両耳と鼻、性器を切り落とされたわが子だった。息子は、えぐり取られた両目を手に握らされていた。イラク人たちは息子に銃を向け、腹を撃ち、頭を撃って、「三日間、ここから死体を片づけるな」と母親に命じてからその場を去った。(4)

たった一コマを拾い上げても、平常心で読める話ではない。「なぜ人は、これほどまでに残酷になれるのか」。ここでもグラバーの声が聞こえてくるようだ。

サダム・フセインの軍隊は残酷だったに違いない。だが、だからといってその政権を倒そうと正義の御旗のもとに軍隊を進めた米英軍が残酷さと無縁だとも思えない。だから、グラバーが問いかけた「ヒューマニティー」の問題は、イラク戦争とも切り離しては考えられない。戦争とはいつの時代にも理不尽で、残酷きわまりないものなのだ。そのことを知ってなお、戦争を行なわないとすまない人間の性《さが》が、二十一世紀になって改めて確認された最初の大規模衝突が、イラク戦争といえるかもしれなかった。

イラクをはじめとする中東で、この十数年の間にいったいどれだけの数の人間が殺され、今も殺され続けているのか。もっとさかのぼってアフリカのルワンダで起きたジェノサイド（集団殺戮）、アメリカが枯れ葉剤の散布までして相手の国土を破壊したベトナム戦争、キリング・フィールドという言葉を有名にしたポル・ポト政権下のカンボジア、ナチス・ドイツのユダヤ人絶滅作戦（ホロコースト）、旧日本軍の中国人虐殺、広島・長崎への原爆投下……。第二次世界大戦までさかのぼるだけで、二十世紀に殺された無辜《むこ》の民はいったい数百万人にのぼるのか、数千万人に達するのか、想像もつかない。イメージしようとしただけで血の気が引き、絶望的な気持ちにさせられる。

そうなると、グラバーが主張するように、最後の手段としての遺伝子改良に訴えることも選択肢に入れていいのではないか――そんな欲求に駆られる。これまで、リベラル優生学流の遺伝子改良に抵抗を覚えてきた私でも、そう思わないではいられない説得力がグラバーの見方にはある。

2 残酷さも遺伝子の仕業なのか

ただ、そもそもの話、遺伝子の改良で残酷さを消し去るなどということが、たとえ想定の話だとしてもありえるのか――誰しもそこにまず素朴な疑問を覚えるだろう。

「いや、それがありえるのだ」ということを示したのは、一九六〇年代を出発点とするイギリスの理論生物学だった。

†身内びいきの原理

一九六〇年代半ば、ロンドンの主要駅ウォータールーで、人が行き交うなか、紙と向き合って計算に没頭する一人の若者の姿があった。自分の考えが研究の世界でまったく認められない孤独感にさいなまれていた若き日の理論生物学者ウィリアム・ハミルトン(5)だった。フラット（アパート）に一人でいることに耐えられなかったハミルトンは、ロンドンの街中をさまようように歩き回り、人混みの中で思索に沈み込む一時期を過ごした。

「どうして自分が見たものを、ほかのだれも見たことがないのだろうか」。時代をあまりに先に行きすぎていたハミルトンを苦しめていたのが、のちに「血縁淘汰理論」と称される「身内びいきの原理」だった。

英語ではワーカーと呼ばれ、メスばかりで成り立っている働きアリや働きバチが、自分の命を犠牲にしてでも巣（仲間や女王）を守るのはなぜか――その理由をアリやハチの特殊な血縁関係に求め、「ワーカーが自分の娘を産めたとしても二分の一の血しか受け継がせられないが、姉妹であるワーカー同士は四分の三の血を分け合っており、姉妹を助けることで自身の遺伝子をより多く後世に残している」ことを数理的に説明したのがハミルトンだった。

†ドーキンスの『利己的な遺伝子』

そこから導かれる原理は、まさにパラダイムシフトだった。

「生き物は、自身（肉体）が生き延びることよりも、血（遺伝子）を残す方に重きを置いている。つまり、自分が生きるか死ぬかにかかわりなく、遺伝子をできる限り多く受け継がせることこそが生き物の原点なのだ」

遺伝子を守るために、助け合いが促され、昆虫に「社会」が生まれた。逆から見れば、生存競争を繰り広げているのは遺伝子同士であって、個々の遺伝子が競争を有利にするために、自分が宿る肉体（個体）を助け合わせているのである。

ハミルトンの血縁淘汰理論は、対象が社会性昆虫だったからたいした騒ぎにはならなかったが、一九七六年にオックスフォード大学のリチャード・ドーキンスが『利己的な遺伝子』を発表し、人も含めて「生き物は遺伝子の乗り物であり、遺伝子の生存機械にすぎない」という考えで世界中にセンセーションを巻き起こした。

意志があるともないともつかない遺伝子を指して、「利己的だ」と言うのはどこか無理があるように普通は思う。しかし、ドーキンスがそう言い切れたのは、ハミルトンの数理的な理論の下敷きがあったからなのだ。そこを知ると、ドーキンスの見立てもそう不自然には聞こえなくなる。

†原爆開発者ジョージ・プライスと「進化の中の悪意」

「われわれは遺伝子に動かされている」という発想を持つことができれば、遺伝子を改変することでわれわれは残酷さから抜け出せるというアイデアに最初の一歩を踏み出せる。

次なる発見もイギリス発だった。

ハミルトンの血縁淘汰理論に刺激を受けたのは『利己的な遺伝子』のドーキンスだけではなかった。血縁淘汰理論をようやく専門誌『理論生物学誌（Journal of Theoretical Biology）』で認めてもらえたハミルトンのもとにある日、一通の手紙が舞い込んだ。ニューヨークに生まれ、このころイギリスに移住していた化学者ジョージ・プライスからだった。プライスはシカゴ大学で原爆開発のマンハッタン計画にかかわりながら、戦後はジャーナリストとして核兵器の脅威をアメリカ社会に訴え、それが聞き入れられないと分かるとイギリスに移って一転、生物学に鞍替《くらが》えした異色の経歴の持ち主でもあった。

連絡を取ったハミルトンは、プライスから「何か悪意（spite）にかかわるものがあるんだ。意地の悪さ……悪意ある行動があるんだ」と切り出され、まずは面食らった。が、ほどなく確率論をもとに組み立てた自分の理論が、「血縁が濃いもの同士が助け合う」というプラスの側面しか見ていなかったことに気づかされた。実は、まったく異なる統計学的なアプローチで同じ結論に達したプライスは、助け合いによる繁栄の裏側に、「疎遠な相手に害を及ぼすことで子孫を繁栄させる」という負の側面もあることを理論的に導き出したのだった。(6)

生き物の集団は、身内同士で助け合うことでも、反対に疎遠なものを傷つけ、なきものにすることでも維持される。仲間同士の助け合いも、疎遠な相手への迫害や阻害も、ともに進化の中に組み込まれ、生き物を動かしてきたようなのだ。では、人間もそうなのだろうか。人間も、疎遠な者を傷つける行動を、進化の過程で身につけてしまっているのだろうか。

原爆を開発した一人であり、互いに相手を破滅させられるだけの核兵器をもってにらみ合いを続ける米ソの対立を何とかしなくてはならないと考えていたプライスは、最後まで「進化上の悪意」を人間に当てはめることはしなかった。だが、それからほどなく精神に変調をきたし、一九七五年一月、ロンドン市内で自殺を遂げたことを考えると、「血縁淘汰理論」と「進化の中の悪意」は彼の心を相当苦しめたと思わざるを得ない。

† 民族差別も「遺伝子のせい」なのか

理論が導き出すものは何であれ、世に問うべきだと考えていたハミルトンの方は、プライスが自殺してほどなく、「進化上の悪意」を人に当てはめた論文を出し、「民族差別のように、時に純粋に人間の文化的問題として扱われていることが、われわれの動物としての過去に深く根ざし、それゆえに直接に遺伝子の作用のもとにあるかもしれない」(7)と問題提起した。

批判を受けるのはもとより必至だった。遺伝子に根ざした「人間の振る舞い」に、悪意を読みとることは、われわれにとって悪意が「自然に由来する」ものであり、やすやすとは避けがたいこともまた意味するからである。使われ方によっては悪意がわれわれの社会で正当化される危険をもはらむ。「ヒトの行動には悪意が組み込まれているから、差別も、よそ者を嫌うのも、すべて遺伝子にプログラムされている。自分ではどうしようもないことなのだ」と主張すれば、ナチスのホロコースト(ユダヤ人迫害)も、異民族を敵視した無差別の殺戮《さつりく》も、少なくとも理由付けはされ得る。もちろん、当のハミルトンにはそれを肯定するつもりはみじんもなく、科学に忠実であろうとしただけなのだが、論文は、やはり「人種差別的考えだ」とあからさまに批判を受けることになった。

†「社会生物学」への拒否反応

批判の嵐は、大西洋を越えたアメリカに飛び火し、対岸でさらに燃えさかった。リチャード・ドーキンス、ジョージ・プライスに加えて、もう一人のハミルトンの申し子ともいえるハーヴァード大学の生物学者エドワード・ウィルソンが攻撃のターゲットになった。

血縁淘汰理論に触発されて一九七五年に出版した『社会生物学』の中で、ウィルソンは自身の考えを人間社会に当てはめて、「ある単一の遺伝子が社会的地位の上昇や成功と深くかかわりをもつと仮定すると、その遺伝子は、社会・経済的に最上位の階級に急速に集中することになる。……それぞれの社会内部で環境によって与えられる機会がより均等になればなるほど、社会・経済的集団はますます遺伝的な知能の差異によって決定されるようになるだろう」(8)と述べた。

読み方によっては遺伝子の影響による富裕層の固定化を信じ、社会格差や社会階級を容認していると受け取られかねない表現である。ウィルソンはよそ者嫌いばかりでなく、経済格差までをも遺伝子に根ざしたものとして描き出したのだ。

彼が『ニューヨーク・タイムズ・マガジン』に寄せた一文にも、見過ごせないくだりがあった。

狩猟採集社会では、男性は狩猟にでかけ、女性は居留地にとどまる。この著しい傾向は、ほとんどの農耕社会と工業社会でも受けつがれ、そして、このような理由だけからしても、遺伝的な原因があるように思える。私自身の推測は、遺伝的偏りが十分に強いために、最も自由で平等な社会においてさえ、実質的な労働の分業を引き起こすのだろう。……同じ教育を受け、すべての職業につく同等の機会があってさえも、政治的活動、事業および科学においておそらく、不均衡な役割を演じ続けるだろう。(9)

男女差がいつまでたっても解消されないかのごとき書き方は、男女差別撤廃や女性の地位向上を目指す人びとを怒りに駆り立てた。

めていた。

† ハーヴァード学内からも批判

気がつくと、研究仲間と思ってきたハーヴァードの教官たちもウィルソンに糾弾ののろしを上げ始めていた。

アメリカにおける一九一〇年－三〇年の断種法および移民制限法の制定、そしてさらにはナチス・ドイツにおいてガス室の創設をもたらした優生政策にとっての重要な基盤を提供した理論を甦《よみがえ》らせようという最新の試みが、社会生物学という新しい学問分野の創造と称するものとともに訪れるのだ。……われわれは、人間の行動に遺伝的な構成要素があることを否定しない。しかし、人間の生物学的な普遍性は、戦争、女性の性的な搾取、および交換の媒体としての貨幣の使用といった特殊できわめて変異の大きい行動における よりも、摂食、排泄、睡眠といった一般的行動のなかにより多く発見されるべきものであると考えている。(10)

ハーヴァード大学の学内に社会生物学研究グループなるものが組織され、男女の役割分担ばかりでなく、男性の優位や戦争好き、よそ者嫌いをも人間の本性と見なすウィルソンに食いついた。そこには著名な古生物学者スティーブン・ジェイ・グールド(11)もいたし、遺伝学者のリチャード・レウォンティンも加わっていた。

批判は、ついに事件に発展した。

一九七八年二月。全米科学振興協会(AAAS)が主催して二日間、ワシントンDCで開かれた社会生物学のシンポジウムで、ウィルソンが講演を始めようとしたちょうどその時、会場の十人ほどが「人種差別主義者ウィルソン、逃げられないぞ、われわれはお前をジェノサイド(大量虐殺)の罪で糾弾する!」と叫びを上げながら演壇に突進した。数人がマイクを奪い、社会生物学を罵倒する言葉を放つと同時に、座っていたウィルソンの頭に水差しの氷水が浴びせられた。この時、彼らが発した「お前はずぶ濡れ(ウェット)だ」という言葉は、同時に「お前は間違っている」ということも意味した。[12]

3 隣り合う同士の殺し合い

ここまで、理論生物学上の論争に少しばかり紙幅を割きすぎたかもしれない。が、知ってほしかったのは、人間同士が対立や戦争、残酷な行為を二十一世紀のイラク戦争に至るまで繰り返してきた要因には、遺伝子や進化といった、逃れられない生物学的な背景があるかもしれないということである。

そして、その背景がなければ、グラバーが主張するように、遺伝子改良で人間を逃れがたい悪意の性《さが》から解放するという発想は生まれてはこないし、その裏づけもないわけだ。

†民族浄化の狂気

近現代史の中で最も悲惨をきわめたのが、隣合わせに暮らしながら異なる宗教、異なる民族・文化でいがみ合う集団同士の紛争だったということも暗示的である。

社会主義の大規模な崩壊後、解体した旧ユーゴスラヴィアを舞台にした「民族浄化」は、そのすさまじい残酷さに加えて、二十一世紀を目の前にして起きたこと、人権思想が最も早くから浸透していたはずのヨーロッパで起きたことが、文明への信頼までをも根底から揺るがした。

私の近所に住んでいた男性アフメッドは、《大鷲隊》に、肉屋が肉を吊すのに使う鈎《かぎ》を口に引っかけられ、それを車の後部のバンパーに綱で結ばれて町中を引きずり回されたんですよ。その姿を皆に見せて、悲鳴を聞かせるように……。それからあいつらは彼の首を斬って、その頭を蹴ってサッカーをして、最後には、遺体を川に投げ捨てました(13)。

六月のある夜のことだ。ハサンらが寝ている部屋に数人のセルビア人の監視兵が入ってきて、四人のイスラム教徒収容者の名前を呼んだ。四人を外に連れ出すと、兵士たちはラジオの音楽をかけながら、鉄棒や電話ケーブルで四人を滅多《めった》打ちにし始めた。音楽の合間に聞こえていた四人の泣き声が次第に細くなっていき、ついには聞こえなくなった。ハサンら収容者は、闇の中にじっと横たわりながら薄い壁一枚隔てて進行する惨劇を耳をすまして聞いていた。

突如、一人のセルビア人兵士が入ってきた。彼はハサンともう一人の男を指名し、「恐がるな。死体を運ぶだけだ」と言った。後から考えると、もう一人の男もハサンに劣らずガッチリした体つきで、遺体を運ぶのに体の大きな二人が選ばれたらしい。

外に出ると脳や目玉が飛び出した遺体が転がり、二十五人から三十人のセルビア人兵士がいた。遺体になっていると思った四人のうち一人はまだ息があるらしく、か細い声が洩れた。ヒゲ面の兵士がこれに気づき、その男の喉元《のどもと》を踏みつけ始めた。ハサンはその時になって初めて、虫の息で横たわっているその男が、コザラツ出身の幼なじみであることに気がついた。

ハサンら二人が足と手を持って、息絶えている遺体を命じられた場所に運んだ。三往復して戻ってくると、床にうつ伏せに寝るように言われた。集まったセルビア人兵士の一人が「この二人も殺せ」とわめき、頭の上で兵士同士が口論を始めた。幼なじみの友の喉を踏みつけていたヒゲ面の兵士がやってきて、ハサンら二人に「殺されたくなかったら、あそこに飛び込んで油を飲め」と命じた。この場所は、以前炭坑の採掘現場として使われていたときに電気設備が置かれ、修理なども行なわれていたらしい。床に大きな穴が開けられ、その底に一〇センチ近く廃油が溜まっていた。兵士は、それを飲めと言うのだ。

ヒゲの男がナイフを抜くのを見て、ハサンは腹を決めた。もう一人の男も同じように決意したらしかった。二人は争うように穴に飛び込むと、廃油に口をつけた。恐怖のせいだろうか、油がどんな味をしていたのか、わからなかった。しばらくすると、穴から上に出され、再び穴に飛び込まされることが何度か繰り返された。三〇分もすると、ハサンら二人は廃油まみれになった。……そのうちに酔った兵士の一人がズボンを脱ぎ捨て、ハサンら二人に彼の下腹部に前と後ろからキスするように命じた。油にまみれて真っ黒になったハサンは「どうにでもなれ」という気持ちになって、命じられるままに口を付けた。

本当の地獄が始まったのは、それからだった。

例のヒゲ面の兵士がハサンら二人のもとにきて、瀕死のまま床に横たわっている幼なじみを指さして話し始めた。もう一人の収容者に対しては幼なじみの局部を歯で噛みきってとどめを刺すよう、ハサンには声が洩れないように口を抑えることを命じたのだ。

「もし声が洩れたら、二人とも殺す」

ヒゲ面の兵士に言われて、ハサンらは立ち上がった。呼び出された当初こそ恐怖感に襲われ、壁の向こうで聞き耳をたてているに違いない他の収容者のことを考えたが、廃油を飲んで「敵」の下腹部にキスをしてからは、もうすべてがどうでもいいという感じだった。

ハサンは幼なじみの口に手をあてがい、力を込めた。友の上げる断末魔の叫びが掌《てのひら》に感じられた(14)。

†「普通の人間」が行なう残虐行為

「民族浄化」にかかわる身の毛もよだつような証言は、いくらでも集めることができる。

人は何をもって違いとし、何をもって憎しみ合い、殺し合うのだろうか。なぜにこれほどまでいとも簡単に一線を越えてしまえるのか。

二十世紀初頭、トルコで起きたアルメニア人の虐殺。一九四一年から四二年にかけてクロアチア独立国で起きたセルビア人の迫害。一九九〇年代にルワンダで起きたツチ族対フツ族の血で血を洗う争い……。

隣り合わせに暮らす異民族間の極端な殺戮《さつりく》や残虐行為がこの百年の間にも幾度となく行なわれてきた。手を下した人たちが異常なサディストだったわけではない。ごく普通の精神を持った市民的な人間が、恐ろしいことを平気で行なったことに、問題の根深さがあるのだ。

遺伝的観点からすれば、人類集団が空間的に離れるほど、彼らの遺伝子プールはより類縁が遠くなるので、より非協調的、より競合的になっていく。ハミルトンはこのことを、彼が執筆した章で完璧に明確にしている。……彼は、ヒト科／人類の小集団について、血縁淘汰と互恵的利他主義[15]のゆえに、近隣の集団とは協調を、それに対応して、より遠くの血縁の遠い個人や集団には攻撃性と敵意を、淘汰によって進化させるという不可避的な傾向をもつようになる進化的モデルを想定している。この仮説では、外国人嫌いや人種的敵意が生じるのは驚くことではない。実際、社会生物学的遺伝学を厳格に適用すれば、論理的にそれが起こらなければならないことを示している。[16]

専門家の解説が示すように、ハミルトン＝プライス理論によって導き出される「距離感を覚えている者同士が憎しみ合わなくてはいけない宿命」が、本当に存在するのかもしれなかった。

†進化のコントロールは可能か

人が生まれながらに持ち合わせているのかもしれない「悪意」を、進化を逆手にとって解消できないかと本気で考えたのも、実は『社会生物学』を著したエドワード・ウィルソンだった。「人種差別主義者」と非難され、「ジェノサイド（大量虐殺）の罪で糾弾する！」とまでののしられた、まさにその人物が、そこからの脱却を模索していたのである。

ウィルソンが提唱した「社会工学」は、ひと言で言えば「環境を人為的につくり変えることで、世代を重ねる長い年月のうちに人間の性向を別な方向に仕向けたり、導いたりすることもできるはずだ」という考えに基づく。ウィルソンの計算によると、「五〇世代〔約千年〕ないし、一〇〇世代〔二千年〕未満のうちにもかなりの遺伝的変化は起こりうる」[17]はずで、彼はそれだけの時間をかければ人間の性向そのものを遺伝子のレベルで変えられると見込んだ。

理論としては成り立つ。だが、本気で取り組む人は出てこなかった。当然である。人為的に作りかえた環境を千年間維持するなど、実現のしようもない。むしろ環境や社会は刻一刻と変化し、新しいものが次々生み出される。昨日と今日、今日と一年後でがらりと変わっていくのだ。だから、ウィルソンの社会工学はもとより机上の空論であり、理論を示すにとどまらざるを得なかった。

† 現実味を帯びる人間の「改良」

ウィルソンが「社会工学」を提唱した一九七〇年代の後半、遺伝子そのものをいじることは想定の外にあった。だからこそ、そのプランは千年とか二千年とかいった長大な時間を必要としたのである。ところが、人類が生き物の遺伝子を組み換える術《すべ》を手に入れたことで様相が変わってきた。二十一世紀を迎えて人類が自身の遺伝子を改良することも視野に入ってくると、ウィルソンの発想ががぜん現実味を帯びてくる。

環境を作りかえ、世代の繰り返しで遺伝子に仕向けられた進化の路線を変更する社会工学的手法は、確かに遠大すぎて手の届かないところにある。そんなことをしなくても遺伝子を直接いじることによって短期間で効率的に同じことが実現できる……。それができるなら、そうした方がいいのではないだろうか——。可能性が出てきた今、ジョナサン・グラバーが言うように「人がこれほどまでに憎しみや殺し合いから逃れられないのならば、最後の手段かもしれないけれども、遺伝子改良ということも視野に入れなくてはならない」という発想も生きてくるわけだ。

† 脳の構造と攻撃性の関係

しかし、そこに実効性はあるのだろうか。もとより許されることなのだろうか……。そこのところを検討するのがそもそも本書の目的だった。

攻撃性を扱う際に避けては通れない部位に、脳がある。だから、手始めに脳と攻撃性の関係、そして遺伝子改良の可能性を考えてみることにする。

おおざっぱに言えば、われわれの感情は、「大脳辺縁系」と「前頭葉皮質」の情報のやりとりの中から生まれてくる。無意識のうちに感情を生み出すのが「大脳辺縁系」で、さまざまな感情にかかわる断片を整理して行動を判断するのが「前頭葉皮質」である。

大脳辺縁系から前頭葉皮質へと向かった情報は、そこから反対に大脳辺縁系に戻されてセロトニンやノルアドレナリンといった神経伝達物質の反応を促したり、体に指示を出したりする。

辺縁系には、危険を感知した時、生き延びるために最良と思われる精神状態を瞬時に作り出すための警報発令役がある。扁桃体《へんとうたい》である。扁桃体は、「逃げる」「戦う」「相手を懐柔する」といった別個の戦略を生み出すメカニズムが一体となった組織で、相手をまず見て、そして相手の行動を見て、戦略を瞬時に切り替えながら対処する。

一方、前頭葉皮質の方は「嫌悪」や「恐怖」「怒り」「愛情」といった感情の要素をうまくブレンドしながら適切な感情を意識的に作り出し、それを仕草や言葉などで表現するように仕向ける。

大脳辺縁系と前頭葉皮質の連絡を断ち切ってしまうと、感情そのものが生まれなくなる。反対に、怒りの爆発を抑えられなくなる攻撃性のパターンの一つは、大脳辺縁系から前頭葉皮質への流れが、それを整理してコントロールする前頭葉皮質から大脳辺縁系への流れより強い場合である。往々にして子どもがだだをこね、感情を爆発させやすいのは、この時期はまだ前頭葉皮質から大脳辺縁系に信号を流すパイプが、反対の流れよりも未発達だからと説明される。殺人を犯した人の脳を調べた結果でも、前頭葉の活動が鈍っているケースが目立つとされている。

このように、感情がコントロールできたり、逆にできなかったりする仕組みが分かってくると、怒りや憎悪も含めて、感情は、まずは前頭葉皮質と大脳辺縁系の間の複雑なフィードバック機構のうえに成り立っていることが分かる。

ここで遺伝子改良の可能性を探ってみると、どういう見通しが描き出されるだろうか。

当然のことながら人為的な操作の余地は、脳の仕組みが複雑であればあるほど、それと反比例するように狭まっていく。すなわち、われわれの脳は、遺伝子改良で直接的に改善するには、あまりに複雑すぎると言わざるを得ない――というのが現段階での答えだ。

† 着床前遺伝子診断を利用した攻撃性の排除

だが、もっと直接的に攻撃性の排除を遺伝子改良で行なえる手段が現実にないわけではない。

それはカップルから生命の始原たる胚をいくつか作ったうえで、暴力的な傾向を生み出す遺伝因子がない胚を検査（スクリーニング）で選び出して出産する着床前遺伝子診断（ＰＧＤ）の活用である。直接の遺伝子操作ではないが、適用の対象によっては遺伝子改良の範疇《はんちゅう》に含まれる。

オランダに、親子数世代にわたって男性が犯罪者となったことで研究者の間では有名な実在する家系がある。ドーパミンやノルアドレナリンなど性格や感情の表出にかかわる神経伝達物質の中で、セロトニンという物質の出方に異常があると見られている。

セロトニンは濃度が異常に低いと衝動的な傾向を示し、暴力犯罪を犯したり自殺したりすると考えられている。オランダのこの家系は、そのセロトニンの放出を司るモノアミン酸化酵素A遺伝子に異常があり、セロトニンの不足から、一般の人たちと比べて簡単に「戦闘モード」のスイッチが入ってしまうと説明されてきた。

このオランダ人家系の血を引くいくつかの胚の中から酵素の変異のないものを選び出したり、変異をなくす遺伝子操作が行なえた場合、極端な暴力傾向のない子どもが生まれてくる可能性が高い。

仮にこの家系のカップルが暴力傾向のない子どもがほしくて、自発的に着床前遺伝子診断を希望し、しかもこのようなケースに用いることが法的にも許容されている場合、このカップルの選択を否定する論点もまた見つからない。治療と改良のかなり境界線上にある事例だが、実際の適用には社会的な反発も少ないと思われる。

遺伝子を操作することでそんなに劇的に性格まで変えられるのだろうか、と半信半疑の人もいるだろうから、実例を紹介しておく必要もあるだろう。一酸化窒素を体内合成する酵素のための遺伝子を機能させなくしたマウスは、相手を見境なく殺すようになり、複数を一緒にしておくとまさにバトルロワイヤル状態になることが実験で知られている。(18)

あるいは遺伝子操作によって脳の一部に改変を加えると、ものぐさなサルが仕事中毒になったり、一夫一婦（単婚）制のハタネズミの遺伝子を一夫多妻（複婚）制の近縁のハタネズミに組み込むと一夫一婦制になることが、実験で確かめられている。[19]

ほんのちょっとの遺伝子の改変で、これほどまで劇的に行動が変わってしまうのである。

†「集団的改良」の難しさ

では、オランダ人家系で想定した方法を、完全なる「改良」に適用することはできるだろうか。つまり、子どもを穏やかな性格として産み落とすために、正常の範囲の子どもにセロトニンをより活発に放出させるような遺伝子改良を施すアイデアである。

実はセロトニンは、濃度が高いと強迫観念にとらわれ、神経質なほどきれい好きで警戒心が強くなる傾向がある。つまり、多ければいいというものではなく、結局のところ、少なすぎても多すぎてもだめなのである。

とすると、先のオランダの家系のようなケースならば着床前遺伝子診断のような手段で攻撃性の排除が期待できるが、子どもを「改良する」という目的への転化はできないという結論になる。ましてや、ある特定の集団や社会、さらには人類全体に向けて活用すれば、大変な影響が生じることは疑いない。

† 社会・国家の強制力にひそむ危険性

ただ、薬品の力で、特定の集団の反社会性を減らす試みは現実社会の中で実際に行なわれている。米カリフォルニア州が一九九六年に法制化した、性的児童虐待の再犯者に対する薬品投与がそれである。

男性ホルモンとも呼ばれるテストステロンは、去勢によって出なくすると性格がおとなしくなり、再びホルモンを与えると攻撃行動が復活することが動物実験で確かめられている。米カリフォルニア州が定めたのは、このテストステロンを下げる薬品の注射を、性的児童虐待の再犯者に対して定期的に行なえるようにする法律だった。犯罪の抑制をホルモンのコントロールという形で行なうことにしたのである。

ホルモンの抑制だから、理論的には遺伝子操作でも行なえる可能性がある。薬が、量も期間も柔軟に調節できるのに対し、遺伝子操作の方は効果が永続的な反面、微妙な調整がしにくい特性があるから、現実には遺伝子操作でという話には将来的にもならないだろう。ただ、手段は別にして、ホルモンのコントロールによって「児童への性的犯罪者」という特定集団を「改良」する道が、一部の国の一部地域とはいえ認められたことの重大さは見逃せない。

何かの局面で現われる人間の残虐さや暴力性を前に、無為無策でいていいとは絶対に思わない。暴力性を未然に封じる何かの策が取られてしかるべきだとも思う。しかし、そうであっても、攻撃性の除去を集団で実現するために、国家や社会が強制力を行使することの危険性もまたあらかじめ分かっていなくてはならない。

カリフォルニア州の場合は、相手が犯罪者の集団だからそれほど大きなリアクションはなかったのかもしれないが、対象とする犯罪の枠が拡げられ、果ては「犯罪の予防」にまで拡大されていけば、恐ろしい世界が到来することは想像に難くない。

しかもそれは、リベラル優生学が否定する「過去のおぞましい優生学」の轍を踏みかねない行為ともなり得る。つまりはいくら「攻撃性」が対象だとしても、国家や社会がこぞって封じていけば、社会そのものがすっかり変質してしまい、リベラル優生学にとっての自己矛盾、自己撞着にも直結するのである。[20]

† マラーの描いた未来像

このような自己矛盾に陥らないプロセスは存在するだろうか。

あるとすれば、ハーマン・マラーの思想かもしれない。先述したように、精子の冷凍保存技術の確立を機に精子バンクの創設を提案した科学者である。

二十世紀前半、X線照射による突然変異の研究でノーベル賞につながる科学的業績を上げつつ、社会主義に共感して一時、ソ連に移り住んだマラーは、社会の中には集団として自発的に「善きもの」を選び取っていく可能性があると信じた。そして、「敬愛する人物はダーウィンとレーニン」という独特の精神構造や世界観から、社会変革の結果、人類全体に対する奉仕の精神を身につけた人びとが友愛、共感、同志愛といった社会的資質を自発的に選び取っていく未来を思い描いた。

「肉体的改良」「知的改良」「道徳的改良」の三つの区分で遺伝子改良を論じたマラーは、「最も重要な理想的形質」を「身体的福利のほか、二つある。すなわち、高度に発達した社会的感情——友愛（fraternity）、共感（sympathy）、同志愛（comradeliness）、——および、最高度の知性——分析的能力、理解の深さ、理性——である。……これらの二つの特徴が活動し組織化されるとき、〝協力〟と〝知識〟が生まれる。それによって、人類は進歩してきたし、進歩しているし、また、今後長く進歩しなくてはならない」[21]と述べた。そして、完全に社会的な精神を持った人びと、かなたに見える共通の目標のために現在のものを犠牲にできる人びと、組織的で活動的な知性と共感とが緊密に協力することの必要性を認識している人びとのみが、その自覚的な方向づけをすることができる——とも説いた。

マラーに言わせれば、「真っ先に重要なのは、本当に温かい心、すなわち兄弟愛を全世界的共同体におけるあらゆる人間集団へと及ぼす人びとの能力を高める」ことなのである。

†マラーの理想の非現実性

マラーの考えは、主旨としてはよく分かる。人類愛や道徳的資質の向上が大切な点はだれもが認めるところだし、そういうふうに社会が動けば、多くの人が個人として争いを避ける資質を選び取り、その結果として集団が自然と平和的性格を帯びるようになるという図式も描ける。

しかし、人間は果たしてそういう方向へと向かっていく存在だろうか。

社会主義の失敗とソ連や東欧の大規模な崩壊をへて二十一世紀という時代を迎えたわれわれの目には、マラーの考えはあくまで理想論であって、現実にはまったく起こりそうもないこととして映る。ソ連、ルーマニア、東ドイツ、ポーランド……。二十世紀の終わりに私が訪れた社会主義国家群の最後は悲惨だった。生産意欲を完全になくし、自由どころか食料さえ満足にない不満を警察や秘密警察、情報機関が密告や理由なき拘束によって最後の最後まで押さえ込もうとしていた。が、それでも瓦解を食い止めることはできなかった。

一方で、二十世紀を生き残った資本主義は資本主義で、ますます個人主義、自由主義、市場中心の様相を強めつつある。

こうした世界にあって、社会を構成する一人一人が、より善なる世界を望む方向に成熟し、仮に遺伝子改良社会が訪れたとして自発的に友愛的な資質を選び取っていく可能性は今や絶望的に薄いと言わざるを得ない。だから、マラーのアイデアもまた現実のオプションにはならない。

いや、マラー自身にも、そうした現実感覚が頭の片隅に宿っていたはずである。一時は「社会主義の理想郷では女性たちは正しい男性を選択する。多数がレーニン、ニュートン、ダ・ビンチ、パスツール、ベートーベン、プーシキン、マルクスなどの資質を生来、受け継いでいるということも可能なのである」としつつ、「資本主義社会、特にアメリカ社会では女性たちは誤った男性を選択し、次代のジャック・デンプシー〔ボクシング世界ヘビー級王者〕、ベーブ・ルース〔野球選手〕、そして、アル・カポネ〔暗黒街のボス〕さえをも産んでいる」[22]などと書いたものの、その後、ソ連を離れ、社会主義とは距離を置くようになったからだ。

これまで見てきたように、マラーの発想は非現実的であり、グラバーの発想は実現は可能かもしれないが、国家や社会が強制力を持つことの危険やそうした悲劇の再来の可能性を排除できない。しかも、リベラル優生学の立場からすれば、自己矛盾にも陥りかねない。

とすれば、いかに世界の現実が悪意と矛盾に満ちていようとも、遺伝子改良でその解消を目指すのは相当に困難であり、そうすべきとも言えないことになるのではないだろうか。

†攻撃性の「良い」側面

ここで、別の疑問が頭をもたげてくる。そもそも、攻撃性を抑制することは無条件に正しいことなのだろうか――。

それを考えさせてくれる治療法が過去に行なわれたことがあった。一九四〇年代から五〇年代にかけて、統合失調症(当時いわれていた「精神分裂病」)の最良の治療法として世界中で盛んに行なわれたロボトミー手術である。

アメリカだけで約四万人の精神病患者に施されたとされるこの手術は、頭蓋骨のこめかみに穴を開けてメスを差し入れ、神経細胞同士をつなぐ線維をえぐり取る手法だった。術後、患者は不安や興奮から解放されたが、一方で節操がなく、外の世界に無関心で、無気力になった。当初、回復の傾向と見られたものの、性格をすっかり変えてしまうこの手術は次第に問題視されるようになり、症状を抑制できる薬の登場とともに行なわれなくなった。

こうした歴史的事実から類推できるのは、良かれと思ったことが後に否定され得るという科学史的な教訓もさることながら、攻撃性を除くことが無力、無気力な人間を生み出しかねないということでもある。攻撃性は敵対心や破壊衝動、残虐さといったネガティブな要素が強いけれども、何もそうした「悪い」面ばかりではない。ある部分は冒険心や自立心、実行力、進取の精神といったポジティブな要素とも表裏を成すはずなのだ。そうすると、攻撃性の抑制だって無条件に正しいということにもならない。

4　非暴力の人びと

†マレー半島のセマイ族

われわれはどうしても、遺伝子のレベルまで降りていって、自身を改変しなくてはならないのだろうか——。

こと悪意からの脱却を考える時、私の頭に浮かぶのは、アメリカの人類学者ロバート・K・デンタンが「非暴力の人びと」と呼んだセマイという民族である。

マレー半島の内陸高地に暮らすセマイの人びとについてデンタンはまず「長い間、セマイ族の間には暴力とか攻撃といった概念そのものがなかった」と説明する。彼らは、心ない周辺民族に襲撃され、子どもを誘拐されて奴隷に使われる悲しい過去も経験している。それも影響しているが、とにかく争いを避け、戦うよりは逃げ、部族内部でも常に協調し、和を求める生き方を続けてきた。

たとえば、かつてマレーシアの役人が、小集団に分かれて暮らすセマイを統合し、居留地に押し込めようとした時、そこを去って新しい集団を形成する人びとが現われたという。我慢に我慢を重ね、ストレスを蓄積していくぐらいだったら、いじめの温床になるのは、学校は逃げることのできない場だからだ」とするその裏返しで、セマイの社会は集団に流動性があり、他集団から移ってきた「避難者」や「訳あり」の人たちを何の分け隔てなく受け入れる柔軟さを持っているのである。(23)

セマイ族に殺人の例は知られておらず、親たちは子育てのなかで子どもをたたくこともなく、非暴力の習慣が身に付くように注意深くしつけていく。

デンタンは「セマイは非暴力の民か?」と問いかけ、こう書いている。

セマイの子どもたちは今、映画の影響もあって空手やガンファイティングをして遊んでいる。ただ、ここでいう「非暴力」というのは「肉体的に相手を傷つける行為」を指す。この意味において、彼らは暴力に訴えるということがほとんどない。公式の記録では、一九六三年から一九七六年にかけてセマイ族による殺人は一人しか報告されていない。それも、セマイ族ではない店の主人が殺人を犯した男の妻をたらしこんだ結果だった。

セマイの実例は、ヨーロッパやアメリカで「人は生まれつき攻撃的なのか」という議論を巻き起こしてきた。この議論はばかばかしく見える。セマイ族は非暴力ではない。なぜなら彼らは非暴力の人格を備えているわけではないからだ。セマイ族も暴力的になることがありえる。共産主義者の蜂起の際に双方で戦った Bah Sten Gun〔セマイ族の男性〕は暴力的だった(24)。しかし、セマイ族の伝統的な状況下では暴力に訴えることは不快であり、愚かしい行為である。セマイ族は普段は簡単には暴力にのめり込まない叡智を持っているのだ(25)。

非暴力の人格を備えているわけではないけれど、非暴力の生き方ができるセマイの例は、遺伝子改良によらずとも、あるいはウィルソンが構想した社会工学によらずとも、人の性質や社会の基調をコントロールできる可能性を示している。

† 遺伝子改良以外の可能性

それはあるいは、リチャード・ドーキンスが「ミーム」に託した可能性とも通じるかもしれない。有名な『利己的な遺伝子』の中でドーキンスは、生まれては消えていく流行や文化を人間の脳の所産と見なし、それを「遺伝子」と対置させて「ミーム」と呼んだ。

ドーキンスによれば、ミームは悪意とも結びつく。だが、一方で、遺伝子に対抗する力も持ちうる。

「〔ミームには〕盲目の自己複製子たちの引き起こす最悪の自己的暴挙から救い出す能力があるはず」であり、われわれは、それを計画的に育成し、教育する方法を論じることさえできるのだ。「われわれには創造者にはむかう力がある。この地上で、唯一われわれだけが、利己的な自己複製子たちの専制支配に反逆できる」というのである。

だから、ドーキンスは呼びかける。「われわれが利己的に生まれついている以上、われわれは寛大さと利他主義を教えることを試みてみようではないか。少なくともわれわれは、遺伝子の意図をくつがえすチャンスを、すなわち他の種がけっして望んだことのないものをつかめるかもしれないのだから。遺伝的にうけつがれる特性が、その定義からして固定した変更のきかないものだと考えることが誤りだからである」と。

ドーキンスがそう呼びかけてから三十年を超える年月が過ぎたが、それでもミームが社会を良くしているのか、悪くしているのか、社会を変えているのか、実際のところは分からない。ミームという実体があるのかさえ不明だ。

ただ、ミームの存在はひとまずよそに置いて、子どもの教育や社会改革、意識変革が大切だ——というところは今後しばらくは変わることがないだろう。地道な努力が必要な割に効果が目に見えたり数値化できないことから、遺伝子への介入が効果を生むとなれば、教育や意識改革は軽んじられて行きかねない。いや、軽んじられて行くことは、どうあがいても避けられないに違いない。しかし、直接的な手法は直截《ちょくせつ》なだけに失敗のリスクも大きい。だから、地味な部分こそ、大切にしていかなくてはならないのだ。

遺伝子を変えるのでもなく、イデオロギーを教え込むわけでもなく、それでも人を形作ることができる別な何かがきっとある。それを、もっと探究し、ものにして行かなくてはならないのではないだろうか。

ナチスしかり、旧ユーゴスラビアしかり。想像を絶し、言葉を失わせるほどの残酷な行為を平気で行なってきた人類の過去を振り返れば、心の中の悪意を否定することはもはやできない。だが、だからといって希望がまったくないとはいえないことをセマイの人たちは教えてくれる。それが何かを見極める道のりはそう簡単ではないとしても……。

第7章　ノーベル精子バンクの嘘

1　自由至上のリバータリアニズム

遺伝子改良を支持するグループには、「自由至上主義」「自由優先主義」とも訳されるリバータリアニズム（libertarianism）の標榜者もいる。リベラル優生学が、個々人の自由選択を最重視しつつ、国家や社会にも一定の役割を期待するのに対して、リバータリアニズムは国家の影響力を徹底的に排除して、社会的・経済的自由を最も重視する一派である。

その彼らが抱くアイデアの一つに「遺伝子のスーパーマーケット」がある。遺伝子を誰でも自由に売り買いでき、それをそのまま子どもの資質に反映できる未来社会の構想だ。

もとより簡単・便利といった安易な理由で提案された構想ではない。
提唱者の一人、アメリカの哲学者ロバート・ノージックは、「最小国家」の追求を掲げ、国家をはじめ権力や機構を徹底的に排したうえで生まれてくるものを善しとする探究スタイルからこの構想を打ち出したから、あくまでも思想であり哲学として彼が提案したのがこの遺伝子のスーパーマーケットだったのである。

国家はこんなことまでしなくていい、かえって、しない方がより良い社会を生み出すのだと議論を積み上げていったノージックにとっては、リベラル優生学の一派がその理論的支柱とした『正義論』の著者ジョン・ロールズも論敵だった。

生まれついた時の能力、才能もまた社会の共通資産と考え、持たざる者にむしろ積極的に資産を分配することを「正義」と説くロールズに対し、ノージックは「多様な人びとがそれぞれ違った能力や才能を持って同じ社会、同じ空間を共有していることこそが社会を高める原動力となる。長期的に見れば自由社会では、人びとのさまざまな才能は、才能を持った人だけでなく、持たない人をもまた益する」と真っ向から反論した。そうした多彩な才能、さまざまな能力を少しでも多く人びとに持たせるために、スーパーマーケットで遺伝子を購入できるような社会が望ましいとするのである。

ロールズ流のあり方を選択すれば、国家を最小に保つどころか、拡張路線を選択せざるを得なくなり、それは社会全体にとって決してプラスにはならない。そういった観点からも、ノージックは遺伝子のスーパーマーケットを提案しつつ、ロールズの哲学を批判したのである。

ノージックの考えに、うなずかされるところがないわけではない。だが、マーケットで売られている「優れた資質」が本物だということを誰が証明できるのか。そこに嘘が混じらないよう、誰が管理するのか。何か問題が起きても責任の所在が判然としない社会が果たして健全と言えるのか。私は疑問を禁じ得ない。

遺伝子スーパーマーケットの結末をある程度、予測させる出来事が、実はアメリカでそう昔でもない過去に起きている。一九八〇年にスタートしたノーベル賞受賞者の精子バンクである。

2 「天才」を産むための精子バンク

†新しい精子バンクの設立

一九八〇年二月二十九日、ロサンゼルス・タイムズが「三人のきわめて知能の高い女性が、提供者がすべてノーベル賞受賞科学者であるという精子バンクの精子によって受胎した」と報じた。

「産む以上、頭が悪いよりはいい方がいい。鈍いよりは頭が切れる方がいい」といった親心を逆手に取ってノーベル賞受賞者の精子バンクを立ち上げた人物は、アメリカの実業家ロバート・グレアムだった。子どもに、より大きな幸せをつかむチャンスを与えるのだ。人工受精という新しい技術で天才の血をわが子に受け継がせるのだ……。

「今年誕生予定のこの赤ちゃんたちが生まれれば、カリフォルニアの実業家ロバート・グレアムによって立てられた計画の初めての成果が得られることになる」と、ロサンゼルス・タイムズは続けた。

精子提供者の一人はウィリアム・ショクリー博士で、年齢は七十歳、一九五六年のノーベル物理学賞受賞者である。「……彼は、自分と同じノーベル賞受賞者が、「善なる大目的」と彼が呼ぶものに名を連ねなかったことを残念がったそうである」。

ニュースはすぐさま海を越え、各国で報道された。

イギリスの高級紙ガーディアンも、間髪いれずに一報を載せた。

「スーパーベイビー」がほどなく誕生する――。

だが、ガーディアンは一方で、精子の第一提供者ショクリーの思想面まで掘り下げて報じた。

「「黒人の知能テストの成績は白人と比べて平均で十五点低い」と言った人物である……」

スーパーベイビーの「父親」になる男は、知能の高い低いに異常なほどのこだわりを持ち、白人は知能が高いという優越感と黒人蔑視《べっし》を露骨に口にする人物だったのである。

さかのぼればショクリーは一九七一年、知能の劣った人びとが多く生まれるのを防ぐために、「IQ（知能指数）の低い男女が、子どもを作れなくなる「断種」に同意した場合は、彼らに一定額を支払う」というアイデアを出してもいた。額はIQ一〇〇を下回る一ポイントごとに一〇〇〇ドルで、たとえばIQ七〇の男性には三万ドルが支払われる計算になった。

†女性も知性で選別

ショクリーの人間性には最初から疑問符がつきまとった。とはいえ、自由を旨とする資本主義社会では、法に触れない限り、個々人の事業は阻止できない。精子バンクの設立や運営に関しても同様だった。需要があればそれだけで事業は成り立ち、動いていく。そして、実際に需要はあったのだ。

ノーベル賞受賞者の精子バンクを最初に報じたロサンゼルス・タイムズは、精子が提供される女性側にも「知性」が求められ、「メンサ」と呼ばれる知能テストで上位二%に入った女性たちのクラブ会員にのみ資格が与えられるかのように報じた。メンサ以外の女性にはＩＱ一二〇以上という制約が課された。しかも、独身女性やレズビアンは対象外で、精子の提供は既婚女性に限られていた。

精子バンクの目的はあくまで「天才の遺伝子によって良き指導者、良き科学者を生み出し、退行的遺伝子を逆転し、劣性遺伝子によって滅びつつある世界を救う」ことにあるとされ、ドナーは無償で精子を提供する決まりだった。

3　「天才工場」の実態

†守られなかった秘密

この新手の精子バンクは、トラブルを未然に防ぐため、精子の提供者であるドナーは匿名にする条件でスタートした。この方針は最後まで変わらなかった。だが、当然の成り行きとして、精子の提供を受けて妊娠した母親や、自分が「スーパーベイビー」であることを聞かされた子どもたちの中には、ドナーがどのような人物で、実際はどのような業績を残したのか、知りたいと自ら行動する人も出てくる。そして、多くの「秘密」がそうであるように、この精子バンクにおいても、完全な秘密が最後の最後まで守られるということはついぞなかった。

精子バンクに関する記事を書いて外部にアピールすることで、このインターネットの時代ゆえにドナーとの接点を見出し、「スーパーベイビー」との間を取り持ちつつ、塗られた「嘘」を一つ一つはがしていったのが、アメリカのジャーナリスト、デイヴィッド・プロッツだった。

精子バンクが創設された一九八〇年、プロッツは十歳だった。朝、食卓でワシントン・ポスト紙を読んでいた父親が、精子バンクの記事を見つけて叫んだ。

「こんなばかげた話は聞いたことがない！　ショクリーはいったい、どうなってしまったんだ？まるでヒトラーばりの愚行だ」。

この時の突然の父親の激昂《げきこう》ぶりが忘れられず、「ショクリー＝とんでもないヤツ」という図式を頭の中で引きずることになったプロッツは、成人してのち、「ショクリーの何があそこまで父の不興を買ったのか」「ノーベル賞受賞者精子バンクの何が悪いのか」という疑問とともに、「天才児が本当に生まれたのだろうか」「由緒正しい精子バンク・ベイビーたちは一流の私立校を席巻し、ハーヴァード大学を目指し、がんの撲滅や物理学の革命を夢見ているのだろうか」と渦巻く疑問を解きたい衝動に駆られた。

†あいまいになる提供者の資格

のちに『ジーニアス・ファクトリー（天才工場）』のタイトルで世に出ることになる取材は、こうして二〇〇〇年前後に始まった。調べていくと、衝撃的な事実が明らかになった。ノーベル賞学者の精子から生まれた子どもは、実は一人もいなかったのである。

実際にこの精子バンクを通じて子どもは次々生まれていた。設立された時、ショクリーを含めて複数のノーベル賞学者が精子を提供したのも事実だった。しかし、彼らから精子の提供を受けた三人の女性はいずれも身ごもらず、ノーベル賞の血筋は後継者を生み出すことはなかった。

黒人や知能指数が低い人への差別発言を露骨に繰り返し、「知能が低い人間は子孫を残さない方がいい。断種を勧める」と平気で口にしたショクリーの精子がバンクに登録されていることを知ったマスコミや科学界が猛反発したことで、続いて登録するノーベル賞受賞者は現われず、バンクの拠点に押しかけたのは、「反対」を叫ぶデモ隊とマスコミだけだった。

ノーベル賞受賞者からそっぽを向かれた創立者のロバート・グレアムは、当初方針の変更を迫られた。「将来のノーベル賞受賞者であれば、それはそれでバンクの方針を裏切るものではない」と考え、「ノーベル賞の受賞者でなくても、ＩＱが一七五クラスの知能を持っている人物であればいい」と基準を緩和したのである。

それも難しいことが分かると、条件はさらに弛められた。

バンクに雇われた「精子ハンター」は「頭が良くて若く、スポーツが得意でハンサムな男であれば誰でもかまわない」ということで、大学のキャンパスや研究施設を訪ね歩いて勧誘を繰り返した。その背景には、女性たちの「要求」があった。精子バンクにコンタクトしてくる女性たちは、確かにドナーの頭の良さは気にしたが、容姿を尋ね、背の高さをほとんどといっていいほど気に掛けて選択したのだ。

そうなると、実際の精子提供者は大学院生でもよくなった。ついには政治運動家や諜報機関で下働きしている人物からも提供を受けた。

ドナーの条件を緩和する一方で、精子の提供を受ける女性の側の条件も、同じく緩められる方向に向かった。設立当初は知能テストで上位二％に入るか、ＩＱ一二〇以上としてきたのが、じきに制限が取っ払われた。既婚者で三十八歳以下の健康な女性であれば、標準的な生活水準で子どもを育てられれば「資格あり」と見なされるようになったのだ。

†わが子は第二のアインシュタイン？

世の人はそれでも、ノーベル賞の受賞者から精子が存分に提供され、それを受けて知能の高い女性たちが次々妊娠しているものだと信じて疑っていなかった。マスコミも「ノーベル賞の血を引く天才児」をニュースとして追いかけ続けた。

アリゾナ州の夫婦がこの精子バンクの精子でスーパーベイビーの第一号となるヴィクトリアをもう

けた一九八二年四月には、『ナショナル・エンクワイアラー』紙が他社を出し抜いて「「ノーベル賞」精子バンクの初の子の母が語る――私たちの奇跡の子はアメリカの未来の希望」と題する記事を掲載した。スクープを得るために金が動き、二万ドルでニュースを買ったという話もまことしやかに流れた。

翌一九八三年には、『マザー・ジョーンズ』誌が八月号で「僕の母親の名前はアフトン・ブレイク。父親はナンバー28――アメリカの精子バンク」の記事を掲載した。表紙には、精子バンクで二番目に誕生した赤ちゃんドロン・ブレイクの写真がでかでかと載せられていた。実名と顔写真入りで、天才ベイビーが衆人の前に姿を現わしたのだ。

ヴィクトリアの母親は『ナショナル・エンクワイアラー』の取材に対し、「濃いブルーの目には知性の輝きが宿っていました。「この子、将来何になるのかしら」と思いました。女性版トマス・エジソンかしら、それともアインシュタイン？　子どものうちから大学の教科書を勉強する姿や、コンピューターよりも速く複雑な数式を解く姿が、目に浮かぶようでした」と答えている。

一方のドロン・ブレイクは、本当に二歳でコンピューターの操作を覚え、幼稚園では古代ギリシャの詩人ホメロスの『イリアス』を読み、シェークスピアの『ハムレット』も手に取ったことがマスコミに報じられ、ある種、時代の寵児になった。ドロンは、世の女性たちをノーベル賞受賞者の精子バンクへと引きつける格好の広告塔にもなった。

本当か嘘か、ある記者がドロンに「幼稚園で『ハムレット』を読んでいるんだって」と聞いたところ、「ええっ、ほかの子は読めないの？」と答えたという。そのエピソードもまた一人歩きを始めた。

†精子提供者たちの偽りの素顔

バンクが掲げる秘密厳守も完全無欠ではなかった。スタッフから直接、ドナーの名前を聞いた女性もいた。もちろん、規則違反だが、スタッフと女性が何度も直接顔を合わせ、互いの気心が知れてくると、そんなことも起きる。そうすると、ドナーを特定することもそう難しくはない。

人物評の欄に「科学分野で非常に高い業績を上げている専門職で、著書が一冊ある。ＩＱは九歳の時に一六〇もあり、趣味は著述、家族、読書。チェスとピアノがプロはだしで、ハンサムで幸せで気さくで社交的なうえに子ども好きで健康状態も申し分ない」と記されていたドナー・コーラル（サンゴ色）は、「それで、あなたのＩＱは一六〇なのですか？」というプロッツの問いかけに、こう答えた。

「さあ、知りませんね。知能テストなんて受けたこともないし。相手が喜びそうな数値を言ったまでですよ」

そもそも「ハンサムで幸せで気さくで社交的なうえに子ども好きで健康状態も申し分ない」人物などそうそういるものではない。そして、ドナー・コーラルも、ノーベル賞とは何の縁もなかったばかりか、そう生彩を放つ人物でもなく、精子を提供し始めたのは医学生の時だった。そして、何人もの女性と結婚しては離婚する遍歴を繰り返していたのだった。

「なら、どうやってノーベル賞受賞者バンクのドナーになれたんですか？」

「私はメンサ〔知的な女性限定のクラブ〕に興味を持っていました。最初の妻と別れたばかりで、次は知的な妻か恋人が欲しかったのです。きっとメンサについて調べているうちにノーベル賞受賞者精子バンクを知り、興味をそそられて連絡したんでしょう」

「その後、なぜ、精子提供をやめたのですか」

「二人の女性と同時に付き合っていて、もう、精子に余裕がなかったので……」(1)

何一つ非の打ち所がない評価資料をもとに、「ドナー・コーラル」の精子を選んで男の子をもうけ、分別ができてきた年ごろで息子に「あなたはノーベル賞受賞者の血を受け継いでいるのよ」と伝えていた母親は、自分の目に叶ったドナーがこのような人物だったことに仰天し、かつまた落胆した。

「『非常に成功した専門職』というのも、嘘でした。ただ医大を卒業したというだけで、それも一流校でさえないの。『著書も一冊ある』。お笑いです。何のことはない、自費出版よ。ＩＱ一六〇という件については、知っての通りね。ジュリアナ〔精子バンクのスタッフ〕は、コーラルが数学に秀でていると言ったけれど、事実ではありません。妹が国際的な音楽コンクールで優勝したというのも同じ」

ここに至って、プロッツはこう書かずにはいられなかった。

ノーベル賞受賞者の精子バンクは「子どもこそ順調に生み出していたが、その方法は行き当たりばったりだった。ドナー基準も著しく緩和されていた。一九八〇年代半ばには、おおむね来る者は拒まなかった。その結果、ドナー・コーラルのような凡庸なうぬぼれ屋がはびこっていた。カタログには、ノーベル賞受賞者ドナーどころか、別れた恋人にさえ与えたくない男たちの精子が揃っていた(2)」と。

†「天才児」に課せられた重圧

ノーベル精子バンクから生まれた子どもの中で、幼いころから母親が息子の実名と顔写真を明かし、実際に周囲も認める天才ぶりを発揮してきたドロン・ブレイクは、成長すると自身に課せられた重圧をこう吐露した。

「天才をつくるなどという考え自体が、どうかしていたのです。高いＩＱを持っているという事実は、別に僕を善人にも幸せにもしませんでした。人はいつも僕に素晴らしい業績を期待しますが、そんなものは実現しませんでした。

知性が人格をつくるのではないと思います。それを生むのは、愛情ある家庭で愛情ある両親が、子供に重圧を与えずに育てることです。別にＩＱが一八〇ではなく一〇〇だったとしても、僕は同じようにやってこれたでしょう。血筋で優れた人間をつくれるとは思いませんね。

僕はいつも内気で孤独な子供でした。人目にさらされることは、ひどく苦痛でした。これがいま、あまり人に好かれないと自覚する理由の一つです。僕はいつも、人に値踏みされているように感じていました。子供にとっては、もっと安心できる環境で育つ方がずっと良いのです。母があれこれ僕の天分を証明しようとしなかった方が、ずっとよかったでしょう。神童になっていいことなんて、何もありません。常に人から「天才精子児」と言われてきましたが、すべてに秀でているわけではありません。人の期待に応えようとか、本来の自分の希望通りの存在でいることができないと思うと、大変な重圧がかかるものです。母に悪気はないのですが、僕に自分は特別なのだと思わせることによって、結果の重荷を負わせてしまったのです。

……遺伝子に興味を持ったことはありません。家族とは愛する人々のことです。僕は、血を分けた相手よりも、そうではない人たちにずっと親しみを感じています。血縁に強く縛られたことはないのです。ドナーは僕と人生を分かち合っていません。いかなる形であれ、僕の人生に彼の居場所はありません。赤の他人ですよ(3)」

4　精子バンクが持つ問題点

さまざまな「嘘」が入り込む余地があるばかりではない。生殖の現場の一つの先端を行く精子バンクは、最近さらに優生主義的傾向を強め、ますます未来の遺伝子改良社会と共通する問題を浮かび上がらせている。

† 精子バンクを介して遺伝病が広まったケース

ニューヨーク市の二人の病院職員が無許可で精子バンクを運営していたうえに、精子もこの二人がすべて提供していたことが州保健局の調査で判明したのは一九九二年のことだった。

一九八九年からの三年間で二人は九千ドルを稼いだが、州政府がエイズ感染防止の観点から精子をいったん凍結して時間を置いたのちに検査を行なうことを定めていたのに対し、二人は採取した精子をそのまま提供していた(4)。

無許可・無検査でばらまかれた精子が問題を持っている可能性は非常に高いが、正式な手続きを踏んで、定められた検査が行なわれてもなお、リスクが消えないことを示す出来事が、今度は二〇〇二年にオランダで起きた。

精子バンクのドナーとして十八人の子どもをもうけた男性が、退行性脳機能障がいを起こし、子どもたちにも五〇%の確率で二十歳から五十歳ぐらいまでの間に同じ病気が発症する可能性が判明したのである。

精子提供にかかわった病院は、専門家を集めて三年間にわたって協議した結果、家庭医を通じてそれぞれの親に事実を伝えることを決めた。合わせて、カウンセリングやさまざまな支援を行なっていくことも明らかにした(5)。

この一件は、子どもたちのさらに次の世代にも脳障がいの因子を受け継がせてしまう懸念や、「ドナーが子どもを作れる数を制限すべきではないか」「いやそれでは不妊などで悩み、精子を欲しがる人びとを困らせることになる」といった議論の元になるだけでなく、提供に当たっての検査(スクリーニング)をどこまで拡大すべきか、の問題も提起した。

オランダのドナーの精子には、ガイドラインで義務づけられているエイズウイルス(HIV)、C型肝炎、クラミジア、梅毒の検査がきちんとなされていた。検査対象に男性の持つ脳障がいの因子は含まれておらず、提供時に症状が現われていなかったから起きた事件である。

アメリカでも二〇〇六年、同一の精子バンクを利用した四組のカップルから誕生した五人の子どもが相次いで白血病などにつながる希な遺伝性の病気を発病し、調査の結果、同じドナーの精子で妊娠していたことが分かった。

†事前検査の強化が優生思想を招く

アメリカでは食品医薬品局(FDA)が二〇〇五年から精子バンクの管理に乗り出し、HIVや白血病、梅毒、クラミジア、クロイツフェルトヤコブ病（ＣＪＤ）、淋病などの事前検査を義務づけた。

生まれてくる子どもが病気で苦しまないようにあらかじめ検査をしておくことは大切だ。が、こうした動きを受けて、求められた以上の検査を売り物にする精子バンクもまた現われる。それが次第にエスカレートすれば、金さえ出せば相当詳細な精子の検査結果が得られる状況が生まれてくる。

スクリーニングの拡大は、一見、リスクを一つでも多く減らした上で子どもをもうけられるという点で望ましいように思われるかもしれない。事実、そういう側面はあるが、一方で、スクリーニングがたとえば、頭がいいとか、長生きするとか、背が高いとか、ありとあらゆる資質に適用されていく方向もまた考えられる。

ドナーが自己申告する情報は時として当てにならないことがノーベル賞受賞者精子バンクの経緯から分かった。が、自己申告と違って、検査はごまかしようがない。今後、詳細な遺伝的プロフィールをますますスクリーニングに頼って明らかにする傾向が増すとしても何の不思議もない。その時、カップル同士のＤＮＡの範囲でのみ「最高の胚」を選ぶ着床前遺伝子診断よりもずっと選択の幅が広いカタログが提供され、その中から望みに最もかなった精子が選ばれていく可能性がある。

しかも、バンクの対象は最近、精子ばかりでなく、受精卵にまで広がっている。

世界初という触れ込みで、米テキサス州の企業が「受精卵バンク」を立ち上げたのは二〇〇七年である。精子、卵子両方の提供者の情報を事細かに提供することをうたい文句にするが、そこまで来れば、精子、卵子のいろいろな組み合わせの中から望みのものを指定する段階に進もうと思えば進める。

「この精子とこの卵子の組み合わせでお願いします」とオーダーメード的に指定できるシステムである。そこに複数の胚のスクリーニングを組み合わせれば、望みに合わせて、生まれてくる子どもの資質をさらに厳選することも可能だ。

設立に当たって、受精卵バンクの経営者は「子どもがほしい人を助けようとしているだけだ」とアピールしたが、これに対して、プリンストン大学の法学教授ロバート・ジョージは「IQや博士号など特性に基づき受精卵を売買すれば、優生学の方向に導くことになる」と警鐘を鳴らした(6)。

† 美男美女の精子・卵子の売買

二〇一〇年には物議を醸すさらに新手の精子・卵子バンクが現われた。

アメリカのCBSがこの年の六月に発信したニュースは「美形の赤ちゃんを得るのに、あなた自身が美しい必要はありません」という書き出しで、美男美女がインターネット上でデートするサイト「ビューティフル・ピープル」が、一般の希望者に会員が「美男美女の精子・卵子」を提供するサービスを新たに始めたと紹介した。

このサイトは会員たちが、新規加入希望者をルックスやスタイルで審査するシステムで、あくまで会員は「美男美女」に限っている。しかし、「醜い人も含めて、誰もが見目美しい赤ちゃんを望んでいる」として、このサービスを始めたという。

「人を引きつける魅力。それが人々に最も求められているものの一つです」が売り言葉で、「メンバーの中にブラット・ピット似やジョージ・クルーニー似、アンジェリーナ・ジョリー似がいるサイトに、どれだけ需要があるか、あなたも分かるでしょう」と有名俳優の実名を挙げてPRする。

しかし、CBSは、ウォール・ストリート・ジャーナルに掲載された「優生的なにおいがする。非常に危険な傾向の徴候だ」との見方も合わせて紹介した。

美男美女サイトに対しては、カナダでも「生殖の商業化へのステップで、おぞましい。赤ちゃんはBMWとは違う」といった反発の声が上がったことを、地元メディアが伝えた。

†子どもの目や髪の色を選ぶ時代

また、前年の二〇〇九年三月には英国のBBCが、男女産み分けを請け負ってきたアメリカのクリニックで、目の色や髪の毛の色を選べるサービスが新たに始まったことを報じた。

始めたのはロサンゼルスの受胎クリニックで、活用する技術は例の着床前遺伝子診断である。

このサービスについて、クリニックは「すべての両親でこのシステムが使えるわけではないし、絶対に予定通りの子どもが生まれるとの保証はできない」と断りつつも、金髪の少年が欲しいとか、青い目にしてほしいといった要望に応じるとした。二〇一〇年に最初の子どもが誕生する予定で、経営する医師のジェフ・スタインバーグは「これは未踏の道であって、けっして危険な道ではない」とした。

BBCは、イギリスでは遺伝子診断で許されるのは健康面に問題が出かねない場合だけで、男女産み分けは禁じられていることも合わせて伝えた。

†人が一番に望むのは外見

グレアムやショクリーが利用した「ノーベル賞」という看板。そして、美男美女バンクが掲げる「ブラット・ピット似」「アンジェリーナ・ジョリー似」という看板。いずれも、象徴的、抽象的なイメージでとらえられている限り、輝かしいもの以外の何物でもない。リアリティーがあるようで本当はないところが絶妙なのだ。だが、そこから生まれてくるのは、生身の赤ちゃんであり、将来、社会に出て行く一個の人間である。

もう一つ言えることがある。当初は「知能」が全面に出ていたノーベル賞受賞者精子バンクも、だんだんと背の高さや外見を無視できなくなって行ったことを思い出してほしい。それがさらに高じたのが美男美女が提供者になる精子・卵子バンクだととらえれば、どうも人が一番に望むのは外見らしい。ロサンゼルスのクリニックでも、髪の毛の色と目の色が、親が子を「デザイン」する最初の資質となった。

そういった志向がさらに進んで行って生み出される「新世界」は果たしてどんなものになるのだろうか。何だか間違った方向に進みつつあるような不安を覚えるのは私だけだろうか。

ノーベル賞受賞者の精子バンクは一九九九年に閉鎖された。創立したロバート・グレアムも、最初の精子提供者となったウィリアム・ショクリーもすでにこの世の人でなかった。だが、閉鎖の理由はそればかりではなかった。だれ一人として事業を引き取ろうとする者が現われなかったのだ。

5　精子バンクの問題が教えること

†子どもは「返品」できない

自由至上主義がもたらす未来世界に話を戻そう。

さまざまな資質を開花させる遺伝子がロバート・ノージックが言うようなスーパーマーケットで実際に売られる時代は、こうした精子バンクや受胎クリニックのサービスをさらに上に行った状況になるだろう。というのは、精子バンクも受精卵バンクも、そして受胎クリニックが始めた胚のスクリーニングによるデザインも、生身の人間の生身の精子や卵子という制約を破ることはできないが、遺伝子を操作することが十分に可能になれば、そうした制約もなくなるからだ。そうなると、どこかで嘘が混じったり看板倒れだったり、あるいはラベルと実体のギャップや落胆など、精子バンクで起きたのと似たようなことが、さらに輪を掛けた規模で起きる可能性がある。

しかし、それでも変わらない原則がある。いったんこの世に生を受けた子どもは、返品がきかないことだ。

一般の通信販売では、カタログと違っていたり、性能が低い商品が届けば返品できるし、実際返品するだろう。だが、たとえ嘘が混じっていたり、望みの質と違っていたとしても、生殖の場合、生まれてきた子どもの返品はきかないし、多くのケースはきっと、嘘が疑われたり、違和感が実際にそうだったのだと確認されるまでに相当の時間がかかる。遺伝子改良は、よりドラスティックな効果が想定されるだけに、結果に対する期待もまた大きい。「希望とは違う」と、授かった子どもにギャップを感じながら育てざるを得ない親、そしてその視線を肌で受け止めつつ居場所を探さないといけない子ども。そういう気まずさを引きずりながら家族を続けなくてはならなくなるケースも、かなりの数出てくるものと思われる。

自由や競争は切磋《せっさ》琢磨《たくま》を生み、一般的にはクオリティーを上げるが、高じれば拙速さや欠陥品の蔓延にもつながり、コントロール不能にも陥りかねない。こうした点から、こと遺伝子改良に関しては、リバータリアニズム（自由至上主義）はすべての人を幸せにするとは考えにくく、むしろ不幸に苦しむ人を多数生み出し、なおかつ社会全体にリスクを与えかねない思想と判断せざるを得ない。

†リバータリアニズムとリベラル優生学の考え方の違い

先にも述べたが、一方のリベラル優生学の方には、何でも市場や自由に任せるべきではないという考えがある。『偶然から選択へ』のアレン・ブキャナンらは「マーケットの行き過ぎを抑える立場となるのが国家であり、規制や課税といった政府の介入を社会も必要とするだろう。というのも、マーケットの長所とされるものの中にも、社会正義の観点からは悪行と見なされるものがあるからだ(7)」と認め、「未来世代の利益を考えた遺伝子プールの管理が国家のふさわしい役割であることは否定しないし、このことを認めることが生殖の自由を尊重する態度と相容れないとも思えない(8)」と意見表明している。

ただし、国家や社会規制がどこまで現実をコントロールできるのか、そこのところは未知数である。しかも、個々人の「選ぶ権利」「選択の自由」との整合性をどこで取るかという、非常に難しい問題を残すのだ。

第8章　取り返しのつかない未来

1　テクノロジーと人間

†「未来はなぜわれわれを必要としないか」

遺伝子工学をベースに置くことになるヒトの遺伝子改良が、未来志向のテクノロジーであることは論を待たないだろう。とすると、技術とその未来について、遺伝子工学や遺伝子操作も絡めた検討をどこかでしておく必要がある。テクノロジーと人間という視点は、生命倫理の未来像を見通すうえでも欠かせない。

テクノロジーの未来について書かれた中で傑出した論考がある。ビル・ジョイが二〇〇〇年にワイヤード誌上で発表した「未来はなぜわれわれを必要としないか（Why the future doesn't need us）」である。

タイトルもさることながら、筆者がセンセーショナルだった。ビル・ジョイはアメリカを牽引してきたコンピューター科学者であり、サン・マイクロシステムズの共同創始者でもあったからだ。

彼はカリフォルニア大学バークレー校在学中にバークレー版ＵＮＩＸを開発し、インターネットの黎明期《れいめい》に普及の土台を作った人物として、ＩＴ業界で神様的な存在だった。サン・マイクロシステムズを一九八二年に創立した後も、Ｊａｖａの開発に主導的な立場でかかわるなど、コンピューターの利便性、汎用性を強力に推し進め、一九九七年には、情報スーパーハイウェイ計画を表明したクリントン大統領の情報技術諮問委員会共同座長にも任命されている。

†機械のスイッチを切れない人間

一九五四年生まれだから、バークレー版ＵＮＩＸの開発も、サン・マイクロシステムズの立ち上げも二十代の若さでの話である。そして「未来はなぜわれわれを必要としないか」を発表した時は四十代半ばだった。常に未来を先取りしてきた一流の技術者であり科学者でもある時代の寵児《ちょうじ》が、何の前触れもなく突然、悲観論に満ちた論考を世に問うたのである。

二十一世紀に向けて人類が直面するであろう危機の大きさを強く感じるようになったのは、一九九八年の秋になってからだった。[1]……私たちは遺伝子工学、ナノテクノロジー、ロボット工学の破滅的な自己増殖の力について、立ち止まって考えるべきである。[2]

ビル・ジョイが意識を変えられたのは、発明家レイ・カーツワイルとの会話だったという。中でも「テクノロジーの進歩の度合いはますます加速し、人類はロボットになってしまうか、あるいはロボットと融合していく」という言葉が深く胸に突き刺さった。それまでは漠然と、「たとえロボットが知能を持ったとしても、人間にあくまで従属した立場でいるはずだ」と考えていたからだ。

ビル・ジョイは、論考にカーツワイルの著書を引用した。

まず、コンピューター科学者が、知性を持つ機械の開発に成功し、それが人間にできるどんなことも、人間よりうまくこなしてしまうことになる、というシナリオを想定してみよう。この想定下では、高度に組織化された巨大な機械のシステムがすべての労働をこなすことになり、人間がそこに関与する余地はなくなってしまうことが考えられる。さらに、以下の二つのうち、どちらかが起こると考えられる。

機械があらゆることに関する意思決定を人間の監督を必要とせずに実施するという状況。もうひとつは、人間が機械をコントロールする力を保持し続けるという状況だ。

機械ごときにすべての権限を与えてしまうほど人類は愚かではない、という議論もあるだろう。

だが、ここでわれわれが言いたいのは、人類が自主的に意思決定の権限を機械に明け渡すことになるというのでもないし、機械が強硬に権力を奪い取ろうとする、ということでもない。われわれが言いたいのは、人類はいつの間にか自らが機械への依存状況へと陥ることを、みすみす許してしまうかもしれないということである。そして、機械がとり行なう意思決定に従う以外、結果的に選択の余地がなくなってしまっているのではないかということだ。

現代社会と、現代社会が直面する問題がますます複雑化していき、機械がますます「知的」になっていくにつれ、人間が機械に意思決定を任せる度合いは大きくなっていくだろう。それは単に、機械が行なった意思決定の方が、人間のそれよりも良い結果をもたらすであろうからだ。その結果、最終的に社会システムの機能を維持するための意思決定があまりに複雑なものとなり、人間の知性で意思決定を行なうことができない状況が訪れるかもしれない。

人間には、もはや機械のスイッチを切ることもできないだろう。なぜなら人間の機械への依存が進みすぎていて、機械を止めるということはほとんど自殺行為になってしまっているだろうからだ。(3)

†ビル・ジョイと機械化反対論者

文中の「われわれ」という表現に、勘の鋭い人ならば「これはカーツワイルが一人称（私）で語った言葉ではないのではないか」と、すでに気づいていることだろう。そう、この予言的な言葉は、実は爆弾テロを繰り返したセオドア・カジンスキーの引用なのである。つまり、ビル・ジョイの論考は孫引きということになる。

カジンスキーは別名「ユナボマー」で知られるラッダイト（機械化反対主義者）で、一九七八年から一九九五年までの十七年間に過激な爆弾テロで三人を殺し、二十人以上に重軽傷を負わせたのちに逮捕された。

捕まって素性が明らかになると、ビル・ジョイの驚くほど身近にいた人物だった。同じカリフォルニア大学バークレー校で、准教授として教壇に立っていた数学者だったのである。一連の事件の犯人が自分と同じ大学にいて、しかも犯行が、先端技術の推進者に対する憎悪から行なわれていたことに、ビル・ジョイは「多くの私の同僚と同様に、私はすんでのところでユナボマーの次の標的となったのではないかと感じた」と背筋を寒くした。

だが、そうした彼の行動は行動で、描いていた「未来像」の妥当性とは無関係である。

ビル・ジョイはこう続ける。

「彼は明らかにラッダイトだ。だが、それはそうと認めても、彼の主張自体が却下されるべきものということにはならない。私としては認めたくないものがあるのだが、この引用の中には、ある部分、耳を傾けるべき議論があることを認めざるを得ない(4)」と。つまり、人格こそ破綻しているが、「カジンスキーの予測には取り上げるべき価値がある」とみなしたのである。

2　金融工学が招いた世界的危機

もしも二〇〇八年の秋にサブプライムローンがアメリカで弾け、恐慌が世界を覆うということがなければ、ビル・ジョイが論考を通じて発した「警告」も、私にとってそれほど深刻なものには見えなかったはずだ。だが、あまりに似すぎているのである、その構図が。金融破綻と先端工学の未来のシナリオが……。だから、金融工学が招いたものを、未来の遺伝子改良社会にも投影することができるのではないか、と私は思い始めた。逆に言えば、金融工学が生み出した世界的な危機は、将来の遺伝子改良社会の先を行くものだったのではないか、ということである。

†経験を捨てて数値偏重へ

その理由を説明する前に、サブプライムローン破綻のおおもとにある金融工学について少し説明が必要だろう。

金融の基本は「損失を出すリスクをいかに減らすか」というところにある。そのために人は必死になって勉強し、情報を集め、経験に基づく勘を働かせて「儲かるだろうか、損はしないか」と最大限の予測をしてきた。金融工学は、このリスクを減らし、儲けの期待値を最大にする解（答え）を工学的に見つけ出すことを目指した。

「株や債券などを一定の期日に特定の価格で買い付ける権利」を売買する金融オプション取引という分野がある。小額の権利料（プレミアム）を元手に、値上がりすれば権利を行使して儲け、値下がりすれば権利を捨てることで損害を権利料だけに抑えるというシステムである。

取引に当たって「適切な権利料はいくらか」を数学的に割り出すことを可能にしたのが、のちにノーベル経済学賞を受賞するマイロン・ショールズがフィッシャー・ブラックとともに考案した「ブラック＝ショールズの公式」だった。

偏微分方程式や熱伝導方程式など高度な数学を駆使して一九七三年に編み出されたブラック＝ショールズモデルは、株価などの「現在の資産の価格」と権利を行使する時の取引価格、満期までの期間、金利、価格変動性（ボラリティ）の値を打ち込むだけで権利料が自動的に算定される魔法のツールで、まさに金融を数学で扱う時代の先駆けとなった。

オプション取引は、支払いは権利料だけで済むので、小さな持ち金で大きな取引ができるところに特徴がある。オプションなどの金融手法と、「ブラック＝ショールズの公式」に代表される計算式を実際の取引に応用することで、金融工学は金を生んだ。

儲けた金を、また次の投機につぎ込むことで金融業は瞬く間に力を付け、大手の企業は、ハーヴァード大学やマサチューセッツ工科大学（ＭＩＴ）などのトップ校で数学や物理学の才能を開花させた俊才たちを次々雇い上げ、さらに高度な金融派生商品（デリバティブ）を生み出すための「計算」に没頭させた。

†リスク分散が時限爆弾をばらまく

一方、サブプライム破綻の起爆装置となったローン債権の「証券化」という手法は、貸し手、借り手双方に魅力的な、こちらもまた一種の魔術だった。

金を貸すだけのやり方なら、利子もろともきっちり返してもらうまで何年、何十年も待たなくてはならない。だが、「貸した」という債権を証券化して販売すれば、貸し手は貸した金を素早く回収できる。そうなると、金を貸す際の金利も安く設定することができる。金利が安くなれば、借り手は長期のローンを組んでも全体の支払い額が少なくなるから、より気軽に借金し、家を建てられる。

証券化した債権の方は分散して、さまざまな金融商品に組み込んでいく。そうすれば、借り手の一人が何かの事情で金を返せなくなっても、貸し手一人がもろにかぶることはなくなるからだ。もともとはリスクを分散し、大打撃を避けるために生まれたのが、証券化という手法だったのだ。

ところが、証券化の結果、切り分けられた「リスク」は、金融工学の英才たちが編み出した複雑な金融商品に混ぜ合わされ、知らず知らずのうちに世界にばらまかれていた。そして、おびただしい数の投資機関や投資家があまねく保有するところとなっていたのである。

行け行けどんどんの活況下ならば、だれもがハッピーという展開が続いていく。しかし、この図式では、いったんどこかが収縮を始めると、途端に歯車が逆回転を始め、穴の空いた風船のようにみるみるうちにしぼんでいく。

事実そうなった。

†気づいても止められないシステム

金融工学の話をここまでつらつら書いたのは、先ほども言ったように、ロボット工学や遺伝子工学との間に強い共通性が見出せるからだ。

そう、「ユナボマー」カジンスキーの言葉を思い出してほしい。

コンピューター科学者が、知性を持つ機械の開発に成功し、それが人間にできるどんなことも、人間よりうまくこなしてしまうことになる……。この想定下では、……人間が関与する余地はなくなってしまうことが考えられる。

金融工学で言えば、これが、ブラック＝ショールズ方程式の「発明」であり、数式によって「最適化」された投資のオートメーション化である。まさに人間が勘や知識で行なうよりも、作り出された数式に当てはめた方が「うまく仕事ができる」状況が生まれたのである。

次の状況をカジンスキーはどう予測していたか。

われわれが言いたいのは、人類はいつの間にか自らが機械への依存状況へと陥ることを、みすみす許してしまうかもしれないということである。そして、機械がとり行なう意思決定に従う以外、結果的に選択の余地がなくなってしまっているのではないかということだ。

実際に金融工学の分野でも、そうした「システムへの依存」が起きた。二〇〇八年の段階で、自分たちが支配していると頭の中で考えていた世界の金融市場や世界経済は、実は気がつかないうちに人為を離れていた。弾け始めたらコントロールすることのできないサブプライムローンという時限爆弾が、世界中のさまざまな金融商品の中に混ぜられ、ばらまかれていたのである。

われわれはそこまで金融工学に依存し切っていたのだ。

思い出してほしい。カジンスキーは言っていた。われわれが自発的に機械に権力を明け渡すことはないだろうし、機械の方が意のままに権力を行使したりするようになるということでもないのだ、と。そうではなくて、人間の方から自ら「主役の座」を明け渡し、もしかしたら、それに気づくこともないというのがカジンスキーの描いた未来像だったのである。

二〇〇八年秋、われわれは金融テクノロジーという自動化にすべてを任せ、いつしかどこにどんな危険が紛れているか、まったく分からない状態になっていた。それが、まさにサブプライムローン破綻の「前夜」だった。

カジンスキーの最後の言葉はさらに、破綻「当日」を示唆している。

社会システムの機能を維持するための意思決定があまりに複雑なものとなり、人間の知性で意思決定を行なうことができない状況が訪れるかもしれない。

人間には、もはや機械のスイッチを切ることもできないだろう。なぜなら人間の機械への依存が進みすぎていて、機械を止めるということはほとんど自殺行為になってしまっているだろうからだ。

そう、われわれはある時、破滅の危険に気づいたとしても、それを止めることはできない。あまりに複雑になりすぎてしまって、一つ一つの爆弾を探し出すこともできなければ、システムそのものを止めることもできないからだ。

サブプライムローン破綻がまさにそのことを見事に実証した。われわれは金融システムをすべてストップすることも、もうすぐ爆発することが分かっている時限爆弾をすべて取り除くことも、どちらもできないまま「前夜」を過ごし、「当日」を迎えるしかなかったのだ。それがリーマン・ブラザーズの破産という最初の爆発で現実のものとなったのである。

†遺伝子工学と共通する落とし穴

結果から見ると、われわれは進んで破綻を選び取ったように見える。しかも、そこにわれわれを導いたのは「超」が付くほどの頭脳集団だったのである。

あえて危ない橋を渡って危機にさらされるのではなく、「委ねる」という行為によって危機を招く未来像をビル・ジョイは論考の中でイメージした。

ロボット工学ばかりでなく、遺伝子工学でもナノテクノロジーでも同じ未来像を描くことができると、ビル・ジョイは主張する。

「これら〔ロボット工学、遺伝子工学、ナノテクノロジー、ナノ医学〕の各分野で慎重に実現されていく進歩は、ひとつひとつは小さくとも統合されれば強大な影響力をもたらすものとなり、同時に強大な危険へとつながるものだ。……大量破壊兵器のみならず、知識により実現される大量破壊の可能性が私たちに訪れる。それが自己増殖という側面によって、破壊力がはるかに増大されることになるのだ(5)」と。

ビル・ジョイがことさら強調するポイントは、ロボット工学、遺伝子工学、そしてナノテクノロジーが、その将来性の中に自身の能力で自分の分身を限りなく作り出す「自己複製能力」を含んでいるところにある。「爆弾は一回爆発すれば終わりだが、たったひとつの「ロボット」は無数に増えていく可能性がある」。ビル・ジョイは「もたもたしていると、手に負えない状態になる」と言うのだ。

3　遺伝子組み換え昆虫の例が示唆するもの

†害虫が死ぬように遺伝子をプログラムする

ビル・ジョイが見通した危機のシナリオは、ポイントを絞れば、依存、増殖、そしてコントロール不能の三段階に集約される。

現実に遺伝子操作でも、そのようなシナリオをたどる可能性があるのだろうか。

アメリカの主要産業の一つに綿花がある。その綿花を台無しにしてしまう蛾《が》に、ワタキバガ（cotton bollworm）がいる。その蛾を殺すために、研究者はこの蛾から初の遺伝子組み換え昆虫（GM昆虫）を作り出すことを思いついた。

外見は変わらない。しかし、もともとのDNA中にあって普段は眠っているが、活性化するとDNA上の他のところに移ったり、別の部分に複製を作ったりして、DNAを別物に変えてしまうトランスポゾンという転位（転移）性遺伝因子を覚醒させる仕組みが用意されている。

自然の個体と交尾した後、この遺伝因子が眠りから覚め、DNAを作りかえて子孫を不妊化したり、そのまま死んでいくように仕向けるのである。研究者は「GM組み換え蛾も、その子孫もすべて死ぬようにプログラムされているから、自然界に影響が出ることはない」と言う。

以上は、あくまで計画であり狙いである。本当にそうなるかどうかは、だれにも分からない。まだ実験の初期段階だからだ。

フィールドでの実験は二〇〇一年からアメリカのアリゾナ州で始まった。

フィールド実験とはいっても、野に解き放つのではない。あくまで隔離された農務省のケージ内での実験である。幼虫を殺すようにDNAを組み換えるのはまだ時期尚早として、トランスポゾンが確実に幼虫に受け継がれるかどうかを見分けられるよう、無害な発光遺伝子を代わりに組み込んだ。

研究者も米農務省も、もちろん慎重にやっている。しかし、仮に実験でうまく行ったとしても、遺伝子組み換え蛾を野に放つことに、一〇〇％の安全性が保証できるのだろうか。一〇〇％でなかった場合、どうなるのだろうか。

トランスポゾンの中には構造が、エイズウイルス（ＨＩＶ）に代表されるレトロウイルスと似ているものもある。ただし、レトロウイルスが他の個体への感染力を持っているのに対し、トランスポゾンは感染力を失っており、かろうじて一つの個体のＤＮＡ上でだけ移動できるとされる。それも、やたらめったら動き回られた日にはＤＮＡにとっては破滅的になるので、生き物は長い時間をかけてトランスポゾンの多くを眠らせておく機構を獲得した。だから、トランスポゾンはそうそう活性化しないし、ましてやそうそう簡単に個体、種を飛び越えて移動するとは考えにくい。だが、だからといって、ありえないと言えるかどうかまでは分からない。

さらに言えば、遠大な時間の中で封印されたトランスポゾンを自然状態の中で再び不活性化して眠らせる技術もまた現在、確立されてはいないのである。

計画ではＧＭ個体も、交尾して生まれた個体も、すべて死に絶えることになっているから、ブレーキが壊れた際は必ず自爆するように設計されている車よろしく、周囲に迷惑を掛けることなく消滅するはずである。しかし、それとて、絶対に自爆装置が働くかどうか、そこに確実な保証が付けられるのかどうかもまた、分からない。

そうである以上、万一の場合については、ビル・ジョイが指摘した危機と重なるシナリオが描ける。

まずは害虫駆除でのGM昆虫への依存がある。そして、「絶対死ぬ」ようにプログラムされていたはずの遺伝子組み換え蛾が死なないで自然界で増殖したり、不妊をもたらすトランスポゾンがよそに飛び出して蔓延していく。一度、野に放たれるともう全滅させられない。コントロール不能である。それが昆虫だけの世界で終わるか、他の生物界を巻き込むかによって規模は違ってくるだろうが、いずれにしても、生態系へのダメージは計りしれない。

†野生の種に入り込んだトランスポゾン

このトランスポゾンをめぐっては現実に、生物学者を驚かせる現象が近年、判明している。それは、野生のキイロショウジョウバエと実験用のキイロショウジョウバエから生まれる子孫の不妊化である。

世代交代が早いショウジョウバエは、ハーマン・マラーの有名なX線照射実験ばかりでなく、さまざまな他の実験でも繰り返し使われてきた。さかのぼれば、もう九十年も前から実験室で飼育され、世代を重ねている。研究者はある日、その実験用ショウジョウバエのメスと野生のオスが交尾して生まれた子孫が子どもを作れない体になっていることに気がついた。オス・メスが反対のケースや野生同士、実験用同士の場合、子孫は正常に育つのだが、この組み合わせだけは高い頻度で子孫を残せない。

なぜそんなことが起きるのか。大方の人は、実験用の方に何かの操作が偶然働いて、変化が起きたと想像するだろう。しかし、変化していたのは実は野生のショウジョウバエの方だったのである。野生の方のゲノムに、もともとはなかったトランスポゾンがどこからか加わっていたのである。

野生の個体はトランスポゾンを持つには至ったが、普段、それは活性化しないように抑制されている。しかし、オスが実験用のメスと交尾して受精卵ができると抑制が働かなくなり、DNA内で別の場所に移ったり複製を作ったりして、遺伝子を別物に変えてしまう。それが不妊化を招くようなのだ。ただ、不妊化のメカニズムは分かっても、野生のショウジョウバエにいつ、いったいどこからトランスポゾンが入り込んだのかは謎のままである。実験用のショウジョウバエが実験室に隔離されて以降、九十年間のどこかでの時点、自然界の一つの出来事としてその因子が野生の個体のDNAに入り込み、蔓延したのである。そういうことが現実に起きたのである。(6)

二〇一一年一月には、マレーシア政府がデング熱を媒介する蚊を駆除するため、遺伝子を組み換えたオスの蚊六千匹を首都クアラルンプール近郊の森に放ったと発表し、多数の環境団体などが反対する中、GM昆虫の実用化が現実のものとなった。

† 創造主であり破壊者でもある

トランスポゾンはゲノムのさまざまな変異を誘引し、ゲノムの再編成を起こすことで、生物の進化を促してきた側面があると考えられる一方で、時にゲノムを破壊してきたとも見られる。それゆえに、遺伝子導入や遺伝子破壊の新しいツールとして遺伝子工学の分野で期待もされているのだが、自然界のキイロショウジョウバエが実験用の個体と交尾した途端、子孫が不妊化することが分かった以上、自然界と人の手を介した生き物の間で何か予想もしなかったことが起きる可能性だって否定できない。ヒトも含めて脊椎動物のトランスポゾンはすでに活性を失い、転位の能力はないと、これまでは考えられてきたが、これまた近年、脊椎動物からも活性を失っていないものが見つかる一方、昆虫由来でマウスやヒトでも転位能力を発揮するものが見つかり始めているのだ。

ショウジョウバエの間でいつの間にか起きていた不妊化の現象やトランスポゾンに象徴される遺伝子の計りしれない潜在能力を知ると、何かの拍子にＤＮＡレベルの異変が起き、世界に蔓延するシナリオも、まったくのＳＦ的ストーリーと片付けられない。まさにビル・ジョイが「未来はなぜわれわれを必要としないか」の中で警鐘を鳴らした現象が、遺伝子工学の分野でも起きかねないのである。

4　「やるべきでないこと」を問う

ビル・ジョイは論考の後半でこう提言している。

私たち人類が、一つの種として何を欲求しているのか、そして、将来どういう方向に、どういう理由で進んでいこうとしているのか、共通の理解として合意できるのならば、未来を、より危険の少ない場所にすることはずっと簡単になるはずだ。なぜなら、私たちが何をあきらめることができるのか、何をあきらめるべきなのかが分かってくるからだ。現在のＧＮＲ〔遺伝子工学、ナノテクノロジー、ロボット工学〕をめぐる危機で、私たちを衝き動かしているのは、私たち自身の習慣、欲望、経済システム、そして知識探究をめぐる競争意識なのだ。(7)

問題はむしろ、「何をやるか」ではなくて、「何をやらないべきなのか」なのだとビル・ジョイは言う。

求められているのは、「やるべきではないことは何か」の見極めと、「やるべきでないことはやらない」という決意なのだ。遺伝子を改良した方がいいのか、すべきではないのか。すべきだとしても、どこまでが許されるのか。あるいはそれが本当に人類の幸福、存続、発展をもたらすのか。そういった諸問題を本当に今から考えておかなくてはならないのだ。

そこまでくると、功利主義を取るべきか否かという問題にも自ずと答えが見えてくる。

「すべきなのか、すべきではないのか」の判断をするためには、なにがしかの理念が必要になる。たとえ「すべきでない」という人がごく少数だとしても、すべきではないことはしてはならない。最大多数の最大幸福を行動原理とし、リスクより利得の方が大きければやってもいいとする功利主義は、そうした行動を決意する意志という点で決定的に弱い。その一点からしても、遺伝子改良の是非を功利主義に委ねることはできないと私は思う。

第9章　本当に必要なものは何か

1　人類の進化と遺伝子改良

†ネアンデルの谷にて

枯れ葉が厚く積もった山の斜面から、驚いたようにハトが音を立てて飛び立った。

ドイツの商業都市デュッセルドルフから列車で十五分。無人駅からさらに小道を十五分ほど歩くと、世に言うネアンデルタール人発見の地ネアンデルの谷が現われる。

大げさなハトの羽ばたきが消えると、あとは早朝の鳥のさえずりと、ここが谷底であることを示す小さな川のせせらぎが聞こえるだけだ。春の訪れを告げるように、木々は芽を宿し、幹に何重にも絡みついたツタが目に染みる緑を際だたせている。

ネアンデルタール人は人類の共通祖先から四十－三十万年ほど前に枝分かれしたとされ、二万数千年前まで西アジアやヨーロッパに痕跡を残した。

ここネアンデルの谷の周辺にもかつてネアンデルタール人の暮らしがあって、ヒグマやオオカミ、そして一時期は、われわれの直接の祖先であるクロマニヨン人（現生人類）とも「共存」していた。

だが、いつからか、ネアンデルタール人の姿がここからも消え、クマもオオカミもどこかへ追いやられ、クロマニヨン人の子孫が家を建て、道路を造り、鉄道を通し、時々、私のような物好きな旅行者がネアンデルタール駅に降り立つようになったのだ。

†もう一方の人類は滅びないといけないのか

遺伝子改良を積極的に選び取るジーンリッチ人類と、選び取らないジーンナチュラル人類の二つに分化していく未来像を描いたのはリー・シルヴァーだった。二つの人類の差が明確になった暁には「両者の間に生まれる恋愛感情も、現在の人間がチンパンジーに対して感じる程度のものになる」。つまり、恋愛も結婚も出産も、両者の間には成り立たないほどに違ってしまっているはずだと予言した。その未来像をもとに、ニコラス・エイガーは、ジーンナチュラルが劣勢になり、かつてネアンデルタール人がたどったのと同じような絶滅が起こりうると暗示した。

「だからこそ、乗り遅れてはならない」という主張がそこから生まれてきてもおかしくはない。その主張が力を持った時、未来のいつかどこかの時点で、勝ち馬のジーンリッチに乗る風潮が社会の中で趨勢《すうせい》になることも想像できる。

優勝劣敗、劣っているものが淘汰され、消えていく。優れたものしか残らない。ダーウィンが進化論を提示してから、生物の世界だけでなく社会でも経済でも教育でも、そういう言い方がなされるようになった。遺伝子改良を肯定する現代の優生学も一面はそこに根を見ることができる。

そんな中、二〇一〇年に入って、ドイツのマックス・プランク研究所などの研究グループが、現代人のDNAにネアンデルタール人のDNAが混じっていることを見出した。平たく言えば、混血が起きていたのである。それは、これまでの見方をがらりと変える一大発見だった。(1)

明らかに外見が違って見え、おそらくは言葉も習慣も異なっていたはずの人間同士が通婚していたのだ。敵対や競合の関係ではない、違った形での人類同士の接触があった可能性をこの発見は示している。

そんな古代の人間社会の新たなイメージに、ある人は驚き、戸惑いを隠さないかもしれない。しかし、日本でも、もっとずっと新しい時代の集団同士ではあるが、似たような関係が最近になって浮かび上がった。北海道のアイヌ民族が、縄文人に顕著なDNAと五－十三世紀にかけて北方から北海道の沿岸に渡来したオホーツク文化人のDNAの両方の要素を汲んでいるという結果が、北大の増田隆一らの古代DNA分析で分かったのだ。(2) 従来、想像されてきたような縄文人からアイヌ民族への「直系」的な移行ではなく、海獣猟をはじめ海辺の暮らしに適応し、縄文系の人びととは明らかに異質な文化を持つオホーツク文化人とのそれなりの濃さの婚姻関係があったと見られる結果が得られたのである。

そうした事実を考え合わせると、人間は他者に対してかなり寛容で、違いを違いとして排除するのではなく、それなりの共存を図りながら存続してきたと見た方がいい。そうした寛容さが遺伝子や文化の多様性にもつながってきたと見ることもできる。極端に言えば、ネアンデルタール人は絶滅したのではなくて、彼らが暮らしていた地域の人びとの中に受け継がれ、生き続けている。オホーツク文化人もアイヌ民族の中に受け継がれ脈々と息づいているのである。

もちろん、ネアンデルタール人は絶滅の原因を謎として残しながら、集団としては絶滅している。人類学者の赤澤威（高知工科大学）らは二〇一〇年、ネアンデルタール人絶滅の謎を現生人類との「学習能力の差」で説明するプロジェクトをスタートさせた。じき興味深い結果が得られるに違いない。

私がネアンデルタール人発見の地を訪ねたわけは、二つの人類に将来分化し、違いが互いの交流が成り立たなくなるほどに広がり、場合によっては片方が滅びかねないと暗示したシルヴァーやエイガーの見方の妥当性を考えてみたかったからである。二人のもの言いからは、違いは違いとして強く明確に意識され、異なるものは排除されなくてはならない。異なる二つの「人類」の共存は成り立たず、どちらかが滅びることになるといった世界観がのぞく。もしも、遺伝子改良を目指す思想が、完全、完璧な人間をひたすら目指し、違いをことさらに強調していくのだとすれば、一つ懸念されるのは、人類が今まで持ち続けてきた寛容さを失い、自分たちの視野を狭め、多様性を失っていくことではないだろうか。シルヴァーやエイガーの人間観がそもそも、違いを許さない社会を求めているように思えてしまうのである。

†人為的進化の限界

リベラル優生学の立場には「人類にはもう自然的な進化は望めない。だから、人為的に進化していかなくてはならない」という主張もあった。

突然変異と自然淘汰を中心に据えるチャールズ・ダーウィンの進化論を知る多くの人は、進化を「少しずつ積み重ねた結果の大きさ」ととらえている。それはもちろん見逃せない側面だが、ある時期に突然、大きな進化が起きるという現象も進化の一面としてある。ハーヴァード大学のスティーヴン・ジェイ・グールドらが唱えた断続平衡説である。

人の祖先が四つ足から二足歩行に移行するには非常な困難があったはずで、体の構造の根本的な作り直しだったと言ってもけっして大げさではないほどの一大事件だった。二足歩行を始めた人類の祖先は大きな脳を持つに至るが、それは先に触れたように「成長を遅らせて脳を成長させる」というアクロバット的なトレード・オフ戦略によって成し遂げられた。脳の一部領域が専門化するなどの飛躍的な進化が起きた時期を、十五－十万年前と想定する専門家もいる。

記憶力を高めるとか背を高くするとか、遺伝子改良で構想されることは基本的に、連続的な一歩一歩の前進である。目指すところが「改良」である以上、そこに自ずとたががはめられるのは必然と言えば必然ではあるが、人体対象のリスクの高い賭的な改変はもとよりできっこない話である。だとすれば、数百万年前に起きた「後ろ足だけで歩く」とか、その後の「脳を特大にする」といった現象に匹敵する、突拍子もないことを行なう手立てにはならない。そもそもヒトゲノムに対するわれわれの理解や予測力もまだまだ不十分で、進化がまったくの自然のうちに成し遂げたような「構想力」も、おそらくわれわれは持ち得ないだろう。

そうすると、「人類はもう自然的な進化は望めない。だから、人為的に進化していかなくてはならない」とするリベラル優生学者の着想も認識不足に思えてくる。

進化には連続的な積み重ねと一足飛びの両面があり、一足飛びの側面の方がよりドラスティックに今につながってきたかもしれないと考えられる一方で、数百万年という時間の間に積み重ねられてきた進化の一つ一つのステップの集積にもまた圧倒されずにはおれない。そのどちらにも、わずかな人為的操作ではまったく太刀打ちできないのだ。

前にも述べたように、進化は結果でしかない。結果からしか見ることができないから、こんな言い方はおかしいといえばおかしいのだが、両輪の進化が、死滅を回避する絶妙なバランスを持って遠大な時間をへてきた究極の姿が現代のわれわれであり、多種多彩な他の生き物群なのである。

「二つの人類への分化」の章で取り上げたスティーブ・ジョーンズの言葉を思い出してほしい。それはこうだった。

〔進化に〕大きな計画《グランド・プラン》が欠如しているからこそ、生命はこれほどまでに環境に適応することができるのであり、最高の楽天家ともいえるわれわれ人間もこれだけうまくやっていけるのである。……生物学的な変化を意識的に起こそうというどんな試みよりも、偶然の変化――誤りによる進化――の方がたいていは重要なのだ。

やはり自然の進化に対して、人間は勝てないのではないだろうか。より正確に言えば、人為的改良は自然的進化を凌駕《りょうが》することができないのではないか。ネアンデルの谷を無心に歩き、進化の奥深さをイメージしていると、そんな思いにとらわれる。

2　知能の向上は人間を幸福にするか

†人間はこのままでいいのか

しかし――。それでも確かに、依然、消えない問いかけがある。

人間はこのままでいいのだろうか。

先に「究極の姿」という表現を私は使った。しかし、誤解してほしくないのは、究極というのは完成を意味するわけでも、最後、最終的という意味で使っているわけでもない。悠久の過去にさかのぼって今の人間を眺め直してみると究極に位置するという意味である。われわれは黙ってこのまま時間に身を任せていても、人為的に遺伝子改良をしようとも「過程」であることに変わりはない。われわれは不完全な存在だ。しかも、半永久的に不完全なままであり続けるしかない。その一端を私は「競争か協調か」「潔癖さか寛容さか」といった人格の二律背反性をもとに示した。どこまでいっても両方を満たす「解」は絶対に見つからない。だからバランスの上に人格は成り立っているし、そのバランスが難しいからこそ悩み苦しむのだ。

人間の能力を高めようとしても、こうしたジレンマが生じてくる以上、「良い資質」の獲得はそもそも一筋縄に行く話ではない。競争心を高めれば、協調性は乏しくなるといった具合なのである。

†知能の代償

では、知能ならどうかと問う人がいるかも分からない。少なくとも知能はほかと違う、遺伝子改良で知能を高めることは無条件で認められるのではないか、二律背反に引き裂かれることもないのではないかと。

確かに、知能が高ければ就職や社会的成功のチャンスも増し、わが子が幸せになる可能性も高くなるという直感は、どの親でも持っているだろう。学歴が高くなり、あわよくば学者になったり専門家になったり、技術者、教育者になったりする——そんな期待はごく自然なものと見なせる。

ただ、「知恵が深まれば悩みも深まり、知識が増せば痛みも増す」と、いにしえの聖典(3)にもあるように、知能だって代償を求めないわけではない。そのことに、はるかな昔から先人たちは気づいていたのである。

† 核廃絶を訴え続けた原爆開発者

ノーベル平和賞に輝いた物理学者ジョセフ・ロートブラット(4)（故人）とロンドンのパグウォッシュ会議の事務所で会ったのは二〇〇三年七月だった。

所長室で向き合ったロートブラットは、一九三八年に核分裂が発見された直後に、原爆の出現を真っ先に予言した一人だった。「そのような恐ろしい兵器はつくるべきではない」と、人間としての博士は揺るぎがなかった。だが、ナチスドイツの手にかかってポーランドに残してきた妻が還らぬ人となり、ヒトラーが原爆を最初に手中に収めるかもしれない危機が迫る中、恩師のイギリス人物理学者ジェームズ・チャドウィックに、自分たちが先に原爆を持つべきだと進言する。

この時点ですでに精神は二つに引き裂かれている。アメリカが原爆開発の「マンハッタン計画」を始動すると渡米し、研究・開発に邁進《まいしん》した。だが、一九四五年五月にドイツが降伏すると「もう原爆を作る必要がなくなった」と足抜けを宣言した。その結果、「ソ連のスパイ」と告発され、貶《おとし》められ、脱出路をふさがれたが、どうにかこうにかイギリスに戻って来れた。それも束の間、八月六日、広島に原爆が投下され、八月九日には長崎にも使われたことを知ると、深い絶望の淵に沈まないではいなかった。

そこからだ。反核運動に立ち上がり、核廃絶を亡くなるその日まで訴え続けるのは……。

あの日、私はリバプールにいました。BBCのニュースで広島への原爆投下を聞きました。ショックに打ちのめされましたよ。完全に落ち込んだと言った方がいいかもしれない。核兵器の開発は抑止力につながるという考えはまったくの間違いだった。気づくのが遅すぎたのです。私は原爆の開発に加わるべきではなかった……。

頭脳も哲学的思考も人格も合わせ備えた二十世紀の至高ともいえる人物が、苦悩を口にした。過去は過去だけに、消そうとしても消せない。原爆開発の進言、参加、離脱、反核運動と、この人が六十年以上の歳月、どれほどの苦しみを抱え込んできたか。自身の頭脳ゆえの苦悩を背負い込まなくてはならなかったか。私はそれをまず思った。

これほどの深謀遠慮の人でも、間違いを犯すことがあるのだ。

† 物が見えすぎたがゆえの絶望

その日、大英博物館近くにあるロートブラットの事務所から、私はもう一人の天才、ジョージ・プライスが自殺を遂げたロンドン・ユーストン駅近くのトルマーズ・スクエアに向かった。

ニューヨーク生まれのプライスもマンハッタン計画で原爆開発に協力した化学者の一人だった。冷戦期、米ソが互いの核兵器で相手を滅ぼせる状態になると、プルトニウムやウラニウムの性質の研究を捨ててジャーナリズムに転身し、どれほど恐ろしい状況に自分たちが置かれているのか、ペンをもって告発した。だが、耳を貸さないアメリカに失望し、イギリスに移住して今度は生物学者に転じる。ロンドン大学ゴールトン研究所の研究員として見出したものが、ウィリアム・ハミルトンの身内びいきの「血縁淘汰」の裏側に存在するであろう「進化の過程で埋め込まれた悪意」だった。疎遠なものを排除することと、近親者を助けることは表裏を成し、身内を大切にするのと同じ原理で、社会性の生き物は疎遠な者を排除してきたのかもしれなかった。

「われわれは排除の原理から逃れられないのか。遺伝子にそこまで動かされているのか」。ハミルトンと自分自身の両方の発見に悩んだ末、彼は精神に変調をきたし、ついにはトルマーズ・スクエアの廃屋の中で自殺を遂げたのだった。

プライスやロートブラットの生涯を顧みれば、原爆は作った側にも苦しみを与えないではいなかったことが分かる。そもそも叡智を結集して最も恐ろしい兵器を作るという行為自体が矛盾と苦悩をはらんでいるのだが、アメリカの側から見れば偉業であり、功労者であり、誰もが羨《うらや》む優秀な頭脳を持っていたにもかかわらず、苦しみに満ちた人生を送らざるを得なかった科学者が一人ならずいたという事実は重い。物が見えすぎることは往々にして自らを引き裂き、苦しみや悲劇をもたらすのだ。

† 遺伝子改良は本当にコストに見合うものなのか

もともとの話は、知能を高めることが果たして絶対的に望ましいことなのかというところにあった。先の例から、「知恵が深まれば悩みも深まり、知識が増せば痛みも増す」との言葉通り、知能に比してチャンスが生まれ、幸福が無条件に飛び込んでくるおめでたい話ばかりではないことが分かる。知能を、深く考え、物事の善し悪しを判断する力というふうに見なせば、葛藤や心の痛み、責任感、至らなさへの後悔が伴うのはごく自然の成り行きである。ここでも、失わずに得ることはできないというトレード・オフの原理が働くのだ。

記憶力に関しても、似たようなことが言える。先に遺伝子操作で記憶力を格段に高めたマウスがダメージに弱い体になってしまったという実例をもとにトレード・オフ的視点から問題点を探ったが、記憶もすべてが覚えていたいことばかりではない。加えて、マウスがダメージに弱い体になったのと同じように、遺伝子操作という手段を取れば、人にも記憶力とは無関係な、打たれ弱い体か、また別の代償が課せられる危険も大きいのだ。それは、一つの遺伝子が、いくつかのまったく無関係の機能を発揮することもあるという性質に由来する。

京大霊長類研究所所長の松沢哲郎は、並んだ数字などを瞬時に記憶する直観像記憶はチンパンジーの方がヒトより優っている一方、ヒトはシンボルや表象をとらえ、言葉で表現することにおいてチンパンジーを格段に上回っていることから、両者は表裏の関係にあるのではないかと、別の観点から「トレード・オフ仮説」を唱えている。

こうやって見ていくと、遺伝子改良はそもそも、イメージされているほど万能ではない、という気がしてくる。

ヒトはそもそも体の構造から反応、行動、思考、感情まできわめて複雑、精妙にできている。生物の設計図と言われる遺伝子もまた、それぞれが、たった一つの機能を分担しているわけではなく、まったく無関係の複数の機能を合わせ持つ側面も知られている。遺伝子のスイッチ・オンやスイッチ・オフが、置かれた環境にも影響されることを考え合わせると、遺伝子改良でできることは、リベラル優生学者が期待するほど多くはなく、むしろリスクや不測性の方がまさり、広い意味でのコストと見合う成果は得られないのではないかと思える。

† 本人に無断で新しい資質を与えることの是非

今現在、われわれは生まれてきた子どもを、親としてありのままに受け入れ、育てるしかない。それをネガティブにとらえれば、遺伝子改良を必要とする発想に結びつくが、そこで生まれるきずなや深まる互いの愛情を肯定的に見れば、かえって遺伝子改良で失うものが大きいとの見方になる。

もっと根本に立ち返れば、たとえその動機が「良きものを与えたい」という善意から来るとしても、親が自分の子に、出生前から「これは」と思う資質や可能性を与えることは、非常に限定された状況以外では許されない行為のように思える。

親子だから問題の本質が見えにくいが、もしも知人が無断で、しかも気づかないうちに自分に新たな資質を注入して、「君はこういう資質を備えた方が幸せでまっとうな人生を送ることができると思うよ。だから、そうしておいたから」と言ったとしよう。それは、だれの目にも余計なお節介どころか、人格の侵害にほかならない。親が子に対して行なう行為であって、しかも何も手を施さなければ重病にかかって余命いくばくもないというような状況から議論を出発させるから、回り回って「親が子どもにより良い資質を与えることは許される。善である」という結論が導かれ得るが、反対に、他者への介入が許されるとすれば、どういう場合かというところから議論をスタートさせれば、基本的に許されるのは、そのままでは子どもがまっとうな生を歩めない場合に限って、親ならば立ち入れるというところにとどまるのではないだろうか。

†ウィリアムズ症候群の子どもたちから見えること

「人なつっこさ」が特徴の遺伝子障がいがある。出生二万人に一人と非常にまれで、しかも健康なカップルから遺伝的にはまったく突発的に生まれるウイリアムズ症候群である。血管の壁などの組織に弾力を与えるタンパク質「エラスチン」を作る遺伝子に欠損が見つかっており、それが原因の一つと考えられている。

妖精顔症候群という別名もあり、顔立ちは一見、絵本などに登場する妖精に似通っている。非常に社交的で話し好き、見知らぬ人にも平気で話しかけ、道ばたでも「だっこして」とせがむ。感情も細やかで、不幸に陥った人や肉親を亡くした人の悲しみへの同情心が強い。音感が鋭いので音楽の分野でも才能を発揮する。

そういう子どもがなぜ障がい児（者）なのか、と思うだろう。程度の差はあるが、知能が低かったり、数の概念の認識ができない、衝動的だったり、集中力がなかったりするとされている。また、なぜか同じ年代層とグループをつくることも苦手とする。体の動きに統一が取れず、靴ひもが結べなかったり、ナイフとフォークを使えない子もいる。

私は直接、そうしたご家族とお会いしたことがないので、情報源が限られるが、ウイリアムズ症候群のことを伝えるサイトには「彼女は愛されており、社交的であり、人びとは彼女が大好きである」といった親たちの思い、「私に利己心を忘れさせ、人との接し方を教えてくれた」といった気づきの言葉が並ぶ。

ウイリアムズ症候群の子どもたちのことを少しでも知ると、障がいって何だろう、優秀さっていうのはいったい何を指すんだろう、能力とは、才能とは、資質とは……といった人としての基本的な部分に降りていって悩まないではいられなくなる。欠点や欠陥と一般には思われていることを徹底的に取り除くことが果たしてわれわれの進むべき道なのかとも思わないでいられない。と同時に、障がいのある子どもを持つ親たちが、悩みと同時にかけがえのなさも感じているのだとすれば、今、現実に存在するそういう親子関係を尊重し、支えていかなくてはならないとも思う。本来、そういう社会こそ目指すべきなのだ。今、存在しているもの、今を生きている命の価値をありのままに認めることの方が大切なのだ。

3　やはり慎重になるべきではないのか

†遺伝子改良を求める時代の閉塞感

なぜ、遺伝子改良にこうも期待がかけられるのか。

少なからぬ人びとが、遺伝子改良に即効的な期待を抱く背景には、従来型の社会施策がうまく行っておらず、むしろ限界を呈していることもあるだろう。

しつけや教育で子どもを望ましい方向に仕向けられ、才能をとことん開花させられるならば、これほどまでに遺伝子改良が騒ぎ立てられることもないだろうし、社会が、もう少し矛盾を解消し、生きやすい世の中を作り出していれば、ヒトの遺伝子改良というアイデアにも過大な期待がかけられることはないはずだ。一方で、社会格差、経済格差が広がる中で、個人間の競争が激化している側面も見逃せない。それが親の焦燥感をあおっている。

だから、遺伝子改良に踏み出そうとする動きは一面で、時代の閉塞感の裏返しでもあり、競争社会の反映でもあるのだ。

これまでさまざまな社会改良の支柱となってきた功利主義には、その成り立ちに、権力の圧政をいかにして封じるかという狙いがあった。枠組みをお上が「これだ」と決める社会は数々の過ちを犯してきたし、それは多くの市民、国民、個人にとっても生きにくい世だった。だから、指標が「正義」

や「理念」でなく、人びとの幸福にあるという考えは、そのルーツに迫れば大変切迫した問題だったのだ。

二十世紀前半、「誤った正義」が跋扈《ばっこ》すると、人びとはますます「正義」の危うさを思い知らされた。そして、より多くの人の幸福を保障することに軸足を置く考えの方が間違いないとの見立てが根強く残ることになった。

確かに「正義」は用い方によっては本当に危ない。けれど、個人主義というよりは個人化といった空気が強まり、生殖も経済活動の一要素と見なされ、商品化さえ免れない時代に、功利主義もまた、従来のような多くの人を納得させる論理ではなくなっている。また、「今」の時代の最大多数の最大幸福が、「未来」の幸福に直結するとも限らない。

「求める人が多いから」という理由だけでは遺伝子改良に踏み込み、遺伝子をいじってもいいとする根拠とするわけにはいかない。これまで見てきたように、人間の遺伝子改良は、多くの人がよしとするのなら、多少のリスクはあってもやってみる価値があるといった性質のものではないからだ。遺伝子改良は、それそのものが持つマイナス面がいくつもあるうえに、その影響力という点で、予測のつかないことが起きた時のダメージがあまりにも大きい。未来世代への責任までをもわれわれが負っていると考えれば、安易に踏み込むべきではないのだ。

†生殖を市場経済に組み込むことの問題

同じ理由から、自由主義に基礎を置くリベラル優生学やリバータリアニズムもまた、危うさを抱えているのではないかと私は思う。

あらゆるものが「商品化」を免れなくなりつつある現代社会では、商品化されにくさではおそらくは群を抜いていたであろう生殖の分野までが、市場経済の中に組み込まれようとしている。たとえ生殖であっても、取り引きの対象になった途端、本物に見せかけて「質の低い」まがい物が提供されたり、証明書に嘘が書かれたりすることを、ノーベル賞受賞者の精子バンクは教えてくれた。個人の選択に委ねれば良いものが選び取られると考えるのは、そこからしてあまりに性善説に頼りすぎている。

もっと本源的なところの懸念もある。本来、生身の人間はどろどろしていて、関係づくりは常にやっかいさと隣り合わせなはずなのに、「ノーベル賞受賞者の精子」というラベルが貼られた途端、人間くささも曖昧さも雲散霧消して、ただただ「優れている」という抽象的なイメージだけが独り歩きすることを先の章でもみた。「優秀さ」のラベルに抽象的な期待をかけて子どもをもうけた親は、子どもの成長とともに生身の人間が見せるわがままや自我、発達と未発達のアンバランスさに違和感や戸惑いを感じるにちがいない。本来、「うまく行かない」という現実と向き合い、互いのぶつかり合いを通して、子どもも親も学び成長していくはずなのだ。なのに「ラベル」から出発する子育ては、葛藤を自然なことと受け入れられず、「おかしい、なぜだ」という疑問が先に立ってしまうような気がする。

また、資質や能力がラベルを付けて店先に並ぶのが当たり前の時代が来れば、親が子に期待する要素として、人間らしさや人間性の価値が相対的に低くなることも考えられる。

†ロールズの「正義論」の限界

個人の権利と自由にすべてを委ねるリバータリアニズムと違って、リベラリズム（リベラル優生主義）の側は、国家や社会にも一定の役割を負わせて、行き過ぎた市場主義にたがをはめようとしている点で抑制が効く。その理論的支柱となったジョン・ロールズがそもそも、経済格差が広がるアメリカ社会のただ中で、自由を損なわないで平等を目指すにはどういう理念があるかを思い悩み、それを「正義論」に結実させた哲人だった。経済も社会も活力を失い、全体主義的な警察監視国家への行き詰まりを呈していた社会主義によらずに、平等への努力を掲げ、福祉政策の必要を訴えたロールズの思想が二十世紀の後半、特に英米で衝撃と感銘を持って迎えられたのはそうした背景がある。

ロールズの考えは非常に魅力的で、訴える力を持っている。だが、多様な価値観とそれを保証する自由を絶対の条件としたがゆえに、正義の中身は格差是正と再配分に主眼が置かれ、どんな社会をどのような理念で目指すべきかというところを打ち出せない縛りをかけられた。特に遺伝子改良に関しては、才能や資質を社会全体の資産ととらえて、その底上げと再配分を重視したことで、人はそもそも遺伝子改良に踏み込んでいいのか否か、という根本問題から目をそらしてしまった感は否めない。遺伝子改良は、経済格差や社会格差の問題と同列では論じられないし、そもそも社会全体の底上げや格差是正を「目的」として先立たせる形で利用してはならない。使い方によっては、そうした問題をあたかも解決する手立てのように、論点のすり替えが行なわれていきかねない危うさもある。

リベラル優生主義は、人の遺伝子改良を個々人の判断に委ねる利点を、国家や社会の誤った優生思想から逃れられることと、資質を選ぶ自由の尊重という大まかに二つの点から論じ、ロールズが提唱した格差是正の思想をバックボーンとする形で今日の隆盛を見た。しかし、これまで見てきたような人類進化とのかかわりや、抱えるリスク、遺伝子の不測性、親子関係の変化などから考えると、人類の岐路としてわれわれが選び取る説得力を持ち得るようには思えない。

†リスク管理の論点を欠くリベラル優生学

反対に、遺伝子の改変がもしかしたら人類を危機的状況に陥らせかねないというリスク面の方から考えを進めると、個人の自由な選択を重視するリベラリズムの観点からも、国民の最低限の安全保障だけを国家が担うリバータリアニズムの発想からも、そうした全人類的な生き残りにかかわる論点が打ち出せないことも見えてくる。リベラリズムには抑止力がまったく効かないとは言えないが、ブレーキをかける機能を持たない思想は、こと遺伝子改良に関してはやはり大きなリスクとならずにはいない。

その論点から警鐘を発することができるのは、人類だけでなく生態系や地球環境も含めて「未来に存続させる責任」を突き詰めた哲学者ハンス・ヨナスの思想や、コミュニタリアニズム（共同体主義）的な考えだろう。

ハンス・ヨナスが見て取ったように、二十世紀の大規模な工業化やグローバル化、そして何より遺伝子操作などの生命工学が、万一の厄災を地球規模に拡げてしまいかねないこの時代、われわれは破滅的な厄災を封じ、リスクを減じるための新しい哲学を必要としている。

こういう時代にいるからこそ、まずは個々人が生命倫理に関心を深め、それぞれがなにがしかの理念と呼べるものを持つことが大事なのではないだろうか。

† 遺伝子――神秘の探究は続く

最大の贈り物であり、最大の秘密でもあるゲノム。ヒトゲノムを人間はかなりのところまで解読し、作りかえる能力さえ持つに至った。解読し、作りかえる能力を持ったことは、実際に作りかえられるということとイコールではないし、ましては作りかえが許されることも意味しない。

ただし、人はどこまでも好奇心のかたまりであり、自分が何者なのかの探究は究極のテーマであり続ける。科学や哲学を発展させてきた推進力の一つは間違いなく、人が人間や自然に対して感じる素直な驚き（ワンダー）にあった。そんな中で、遺伝子の研究は研究として続けられるべきだし、これからもっともっと秘密が解き明かされてくるに違いない。それでも遺伝子の多面性や不確定性には、どこまで行ってもゴールにたどり着かない謎や奥深さがあり続けると私は確信している。ホルモンや神経伝達物質、そして脳の働きよりももっと深いところで人間の行動に影響を及ぼし、それゆえに扱いが難しい「疎遠なものを排除しないではおかない」進化上の悪意についても、徐々に解き明かされていくだろうが、ロンドンで自殺を遂げたジョージ・プライスがその洞察力の鋭さゆえに解決の難しさに絶望しないではいなかった奥の奥は、そう簡単には手の内を見せてくれないだろうとも思う。

それでも、いや、だからこそ、遺伝子改良の話題は避けるというよりもむしろ積極的に継続し、いつ何時、新しい局面になってもいいように今から準備しておくことが肝要なのだ。常に最大限、慎重であるべきだが、それは議論に蓋《ふた》をすることではない。

注

はじめに

（1）本書第7章で「ノーベル賞受賞者の精子バンク」として登場する。正式名称はRepository for Germinal Choice（レポジトリー・フォー・ジャーミナル・チョイス）。

第1章

（1）「朝日新聞」二〇一〇年五月九日付。
（2）Buchanan, Allen et al., *From Chance to Choice*, p. 115.
（3）カス、レオン・R『治療を超えて』一七－一八頁。
（4）桜井徹『リベラル優生主義と正義』一八－一九頁。
（5）Buchanan, Allen et al., From Chance to Choice, pp. 159–160.
しかし、この考えを否定する議論もまた成り立ちうるし、説得力を持っている。この章の文章の流れから*From Chance to Choice* の論法を紹介するにとどめたが、私はそうではないとする考えの方に与している。

その一つは、ユルゲン・ハバーマスが『人間の将来とバイオエシックス』の一〇二頁から一一一頁にかけて「優生学の道徳的限界」というタイトルで示した考えの中にある。

ハバーマスは「親の意図を「受け入れて自分の意図とした」場合には、自己の肉体的実存からの疎隔感といった影響や、それに相応した「独自の」人生を歩むための倫理的自由の制限は生じないことになる。反面、自分の意図と（自分にプログラムした）他者の意図とが調和することが保証されていると確実に言えないかぎりは、不協和音のケースが生じる可能性を排除できない。……両親が性格形成に寄せる期待は原則的には子供の側からの「拒否が可能」なものとなる。子供に「仮託」することは、子供本人にとって心理的縛りとなるが、そういった縛りといえども理由があってしたはずであるから、成長しつつある子供は原則的にはそうした親の理由に応え、そうした親の思いから事後反応的に自分を解放するチャンスを持っている。こうして成長期にある者たちは、幼児時代の従属が持つ不均衡を回顧的に解消し、自分の自由を制限していた社会化の過程の発生を批判的に反芻し消化することで、そこから自己を解放することができるのである。

……ところが、両親が独自の選好によって行った遺伝子による固定化の場合は、まさにこうしたチャンスが与えられないことになる。遺伝子工学的な介入をした場合には、計画された子供に第二人称として語りかけ、その子供を相互理解のプロセスに組み込むようなコミュニケーション的空間の余地が開かれていない」と述べている。

第2章

（1）マッキンタイアー、ベン『エリーザベト・ニーチェ』一二四頁の会話をもとにしている。新ゲルマーニアの「建国」までの経緯と、マッキンタイアーの来訪記は同書を参考にしている。

（2）マッキンタイアー、ベン『エリーザベト・ニーチェ』一八頁。

（3）同右、一八三頁。

（4）同右、一九五頁。
（5）ヒトラー、アドルフ『わが闘争』（上）四一三頁。
（6）同右、四〇五－四〇七頁。
（7）クレイ、キャトリーン／リープマン、マイケル『ナチスドイツ支配民族創出計画』二五頁。
（8）同右、三〇八－三〇九頁。
（9）インゲとグレータのエピソードはクレイ、キャトリーン／リープマン、マイケル、前掲書、一二九－一四六頁。

第3章

（1）キュール、シュテファン『ナチ・コネクション』七六－七七頁。
（2）プロッツ、デイヴィッド『ジーニアス・ファクトリー』五三頁。
（3）桜井徹『リベラル優生主義と正義』一二頁。
（4）Agar, Nicholas, *Liberal Eugenics*, p. 5.
（5）桜井徹、前掲書、一一二－一一三頁。
（6）シルヴァー、リー・M『複製するヒト』二八九－二九〇頁。

第4章

（1）第一原理、第二原理はロールズの『正義論』では別の表現がなされているが、本書では一九八二年にロールズが行なったタナー講義を引用したアマルティア・センの『不平等の再検討』（一一七－一一八頁）の表現を採用している。

（2）Rawls（1999, p. 92）に「このこと〔より優れた自然的資産を持つこと〕は彼に、望ましいライフ・プランを追求することを可能にする。すると原初状態では、各当事者は、――彼ら自身の遺伝的資質が固定されていると仮定すると――その子孫に最も優れた遺伝的資質を保証しようとするだろう。この点における合理的な政策の追求は、先行する世代がのちの世代に対して負う責任である。これは、世代間の問題である。したがって、社会は長期にわたり、自然的能力の全体的レベルをすくなくとも維持し、深刻な欠陥の拡散を防ぐための方策をとるべきである」とある。

（3）Buchanan, Allen et al., *From Chance to Choice*, p. 336.

（4）桜井徹『リベラル優生主義と正義』一二四頁。

（5）さまざまな立場からの危惧に対するリベラル優生学の反論は、桜井徹『リベラル優生主義と正義』の一五一－一七六頁ページや、Buchanan, Allen et al., *From Chance to Choice*, pp. 266–284、Savulescu, Julian and Nick Bostrom ed., *Human Enhancement*, pp. 263–276、に詳しい

（6）Buchanan, Allen et al., *From Chance to Choice*, p. 171.

（7）二〇〇三年三月六日に行なわれた生命倫理評議会のセッション３「人間の本性とその未来」の中での発言。

（8）Nuffield Council on Bioethics, *Genetics and human behaviour*, pp. 154–156.

（9）マイケル・サンデルはインタビューや寄稿などさまざまな場所で発言しているが、この部分は、二〇〇四年に *The Atlantic Online* に載った"The Case Against Perfection: What's wrong with designer children, bionic athletes, and genetic engineering"をもとにしている。

(10) サンデル、マイケル『完全な人間を目指さなくてもよい理由』九四頁。
(11) 同右、九四－九五頁。
(12) ハーバーマス、ユルゲン『人間の将来とバイオエシックス』九三－九八頁。
(13) 同右、一〇一－一〇二頁。

第5章

(1) 桜井徹『リベラル優生主義と正義』一一九頁。
(2) 同右、一一七頁。
(3) 親の知能水準と産む子どもの数の相関を調べた調査の中には、逆淘汰が起きていない方に利するものもある。「逆淘汰」は、単純に言えば、知能が高い人たちの間で少子化が進み、低い人たちが相対的に多産になるという図式だが、アメリカでかなり以前に行なわれた調査では、知能指数が低いと結婚率が低くなり、子どもを持たない夫婦も増えることから、未婚者や子どものいない家庭も含めた全体を比較すれば、知能が低い者の平均産児数の方が少なくなるという結果が出ている。高学歴になると確かに晩婚化したり、独身を通す人が増えるが、子どもを持つ家庭の割合が知能指数が低い人よりもかなり高いことから、未婚率の高さを相殺してなお余りある状況だったのである。木村資生編『遺伝学から見た人類の未来』九八－九九頁が一つの参考になる。
(4) 桜井徹『リベラル優生主義と正義』一一七頁。
(5) シルヴァー、リー・M『複製されるヒト』二九四－二九九頁。
(6) Agar, Nicholas, *Liberal Eugenics*, p. 134.

（7）ハックスリー（ハクスレー）、オルダス『すばらしい新世界』二五五頁。
（8）同右、二五九頁。
（9）カス、レオン・R『生命操作は人を幸せにするのか』一六七頁。
（10）ハーバーマス、ユルゲン『人間の将来とバイオエシックス』八一頁。
（11）同右、九九頁。原文はハンナ・アーレントの『人間の条件』にある。遺伝子改良や優生学を科学技術が推進していくことに対するユルゲン・ハバーマスやハンス・ヨナス、ハンナ・アーレントの見方を教えてくれたのは、松田純氏が著した『遺伝子技術の進展と人間の未来　ドイツ生命環境倫理学に学ぶ』だった。松田氏はさらに、シモーヌ・ヴェーユの言う「権利に先立つ無条件の義務」も取り上げて遺伝子改良をめぐる倫理的側面を論じている。
（12）Steve Jones。遺伝学者。ロンドン大学ユニバーシティ・カレッジ教授。ゴールトン研究所所長。一九九一年にBBCで遺伝学と進化について講義。「デイリー・テレグラフ」にコラムを執筆。
（13）ジョーンズ、スティーヴ『遺伝子――生／老／病／死の設計図』三四五－三四六頁。
（14）同右、三四八頁。
（15）北野宏明・竹内薫『したたかな生命』九八－一一五頁。
（16）リドレー、マット『ゲノムが語る23の物語』九〇頁。
（17）共同体主義の論客にはさまざまな立場があり、「自分のコミュニティー（共同体）で優勢な価値観に従うべきである」という考えも含まれるが、ここの文脈では個人を無視するのではなく、コミュニティーをより重視し、個々人が持つ価値観や善、正義の感覚・考えにその人が属する共同体やその人がたどってきた人生が反映していると見なす立場である。共同体から切り離された個人はそもそも考えられないという、ジョン・ロールズの正義論への反論の論拠として、マイケル・サンデルは使ってもいる。

（18） Michael Sandel。オックスフォード大学ベリオール・カレッジで博士号を取得し、ハーヴァード大学で教鞭を執る。ジョン・ロールズの『正義論』を批判してロールズの論敵として注目を浴び、コミュニタリアニズム（共同体主義）を支持して、「善」と「正義」を融合させた政治哲学を志向している。共同体主義が多数派主義に陥りかねないことに対しては、自ら懸念を示し、「（自分は）単一の原理の主張者とか多数派主義という意味ではコミュニタリアンではないが、「負荷なき自己」（ロールズの思想をサンデルが象徴して呼んだ言葉）に対する批判者という意味で理解するのならば、コミュニタリアンと言うことができる」と発言している。詳しくは『サンデルの政治哲学』を参照のこと。

（19） サンデル、マイケル『これからの「正義」の話をしよう』二八七－二八九頁。

第6章

（1） Jonathan Glover。一九四一年生まれ。哲学者、生命倫理学者。ロンドン大学キングズ・カレッジのCentre of Medical Law and Ethics のセンター長。オックスフォード大学ニュー・カレッジのフェロー。*What Sort of People Should There Be?*（『未来世界の倫理』）、*Humanity: A Moral History of the Twentieth Century*（『人間性――二十世紀のモラル史』）のほかに、*Causing Death and Saving Lives*（『死を引き起こすことと生命を救うこと』）などの著書がある。

（2） グラバー、ジョナサン『未来世界の倫理』七五頁。

（3） 同右、七六－七七頁。

（4） Glover, Jonathan, *Humanity*, p. 32.

（5）William D. Hamilton。一九三六年、エジプトのカイロで生まれるが、間もなく英ケント州オークリーに移る。英ケンブリッジ大学セント・ジョンズ・カレッジを卒業。ロンドン大学ユニヴァーシティ・カレッジのゴールトン研究所とロンドン・スクール・オブ・エコノミックス（LSE）の両方に所属し、六三年に博士号を取得。六四年から七七年までロンドン大学インペリアル・カレッジで講師を務める。八四年にオックスフォード大学動物学科教授。二〇〇〇年三月、アフリカで悪性マラリアに罹り六十三歳で死去。

（6）これらについて、より詳しく知りたい方は拙著『破壊者のトラウマ』（未來社）を参照のこと。

（7）Hamilton, William D., *Narrow Roads of Gene Land*, p. 330.

（8）ウィルソン、エドワード・O『社会生物学』一〇九〇頁。

（9）セーゲルストローレ、ウリカ『社会生物学論争史2』三七七頁。

（10）「ニューヨーク・レヴュー・オヴ・ブックス」に寄せた手紙。『社会生物学論争史1巻』二〇－二一頁。

（11）Stephen Jay Gould。一九四一年、米国ニューヨーク市生まれ。古生物学者、進化生物学者、科学史家。ハーヴァード大の比較動物学教授となり、同大アリグザンダー・アガシ記念教授職を務める。ナイルズ・エルドリッジとともに生物進化で新しい考え方「断続平衡説」を唱え、一方で『ダーウィン以来』『ワンダフル・ライフ』など科学エッセイや科学書を多数執筆。優生思想や人種差別を批判し、いかに科学的に人種差別が行なわれたかを『人間の測りまちがい』で説いた。「生みか育ちか」論争で、エドワード・ウィルソンやリチャード・ドーキンスの宿敵と見なされたが、二〇〇二年に死去。『神と科学は共存できるか？』の著書もある。

（12）この会議での批判活動の詳細はセーゲルストローレ、ウリカ『社会生物学論争史1』三五－三七頁。

（13）ゴイティソーロ、フアン『サラエヴォ・ノート』四四頁。

(14) 伊藤芳明『ボスニアで起きたこと』七一-七五頁。全体の流れから、原文の「ハサンさん」の敬称を略した。

(15) ハーヴァード大学のロバート・トリヴァースが提唱した考えで、個体を識別でき、なおかつ記憶を保つことのできる生き物は、たとえ血縁関係にない者同士だろうと、「互いのお返し」ということで協力し合う現象が起き得るであろうとする。単純に言えば、今回は困っているあなたを私が助けてあげた、だから、次回、もし私が困っているのを見かけたら助けてくださいな、という申し合わせで成り立つ社会である。

(16) セーゲルストローレ、ウリカ『社会生物学論争史1』二五七頁。

(17) ウィルソン、エドワード・O『人間の本性について』一三三頁。

(18) ニーホフ、デブラ『平気で暴力をふるう脳』三一〇-三一六頁。

(19) Savulescu, Julien and Nick Bostrom ed., *Human Enhancement*, p. 213.

(20) 実は「遺伝子介入による悪意の解消は社会的に許される」——との考えを持つ研究者が、個々人の選択の自由を出発点とすることにこだわるリベラル優生学の中にいないわけではない。『偶然から選択へ』を著したブキャナンらは *From Chance to Choice* の一七三頁から一七四頁にかけて、「直接、間接に遺伝子に介入することで、暴力的な気質を減らし、協力的な行動や他人思いの気質を増強することができるのであれば、社会の利益のためにそういった介入を行うことが誤りだと社会は言わないのではないだろうか。社会の利益のために、個々人の遺伝子を増強することは、必ずしも「絶対にしてはいけない」たぐいのことではない」「もしも遺伝子介入が悪害を防ぐことを可能にするのならば、国家が介入を奨励したり、要請することも正当化されるだろう」とまで述べている。

しかし、リベラル優生学が出発点とした「過去の優生学への反省」「新しい優生学は個々人の自己決定に根ざさなくてはならない」という基本条件と、ブキャナンらの主張がどこでどう整合性が取れるのか、この文章からは読み取ることができない。説得力のある説明をすることは難しいのではないだろうかと思わざるを得ない。

(21) 桜井徹『リベラル優生主義と正義』九六頁。

(22) プロッツ、デイヴィッド『ジーニアス・ファクトリー』五一頁。

(23) Dentan, Robert Knox, *Overwhelming Terror*, p. 116.

(24) セマイ族にまったく別の「顔」が現われたのは、一九五〇年初頭の共産主義ゲリラとの戦闘だった。当時、植民地として支配していた英国の現地政府によってセマイ族は徴兵され、戦場に駆り出された。彼らの性質を知る人は「彼らのような非好戦的な連中がまともな兵隊として使えるはずがない」と主張した。しかし、その見方がまったくの間違いであることをセマイ族は証明して見せた。セマイ族の対ゲリラ部隊の血縁者たちを、共産主義テロリストが殺した。すると、非暴力的な社会から突然つれ出されて相手を殺すことを命じられたセマイ族の男たちは、一種の狂乱状態に陥り、殺人をためらわなかったという。セマイ族の退役軍人は次のように語った。

「私たちは、殺して、殺して、殺しまくった。マレー人の兵隊たちは倒れた敵のポケットをさぐり、時計や金を巻き上げた。しかし私たちには、時計や金はどうでもよかった。頭にあるのはただ殺すことだけだった。私たちは本当に血の酒に酔ってしまっていたのだ」

デンタンは、しかし「戦闘から帰ってきた彼らは、元の通り、温和で暴力を恐れる「セマイ」に戻った」と記している。

（25）Dentan, Robert Knox, *Semai A Nonviolent People of Malaya*, p. 133.

第7章

（1）プロッツ、デイヴィッド『ジーニアス・ファクトリー』二四四頁。

（2）同右、二九七－二九八頁。

（3）同右、三一二－三一五頁。

（4）「ニューヨーク・タイムズ」一九九二年四月二十七日付、「シアトル・タイムス」一九九二年四月二十六日付。

（5）二〇〇二年三月の『ブリティッシュ・メディカル・ジャーナル』。

（6）「産経新聞」二〇〇七年一月七日付。

（7）Buchanan, Allen et al., *From Chance to Choice*, pp. 339–340.

（8）Buchanan, Allen et al., *From Chance to Choice*, p. 342.

第8章

（1）ジョイ、ビル「未来は人類を必要としているか？」『Mac Power』二〇〇〇年八月号、九二頁。

（2）同右、二〇〇〇年九月号、八七頁。

（3）同右、二〇〇〇年八月号、九三頁。

（4）同右、二〇〇〇年八月号、九四頁。

（5）同右、二〇〇〇年八月号、九六－九七頁。

（6）ブラウン、T・A『ゲノム』二六六―二六七頁。キイロショウジョウバエに取り込まれたDNAトランスポゾンはP因子と呼ばれる。不妊になるのは、雑種発育不全（hybrid dysgenesis）という現象で、次のように説明される。野生のショウジョウバエはP因子を活性がない状態で持っているが、P因子を持っていない実験用のショウジョウバエと掛け合わされるとP因子が受精卵の中で活性化する。そして、さまざまな新たな部位へと転位し、遺伝子の分断を引き起こす。

一方、ワタキバガに組み込まれるトランスポゾンは昆虫由来とされるピギーバック（piggyBac）である。昆虫ばかりでなく、ヒトやマウス、ゼブラフィッシュの細胞中で転位することが近年、明らかになった。また、トランスポゾンのhATファミリーの中で、Tol1はマウスとヒトの細胞中で転位活性を持つことも分かってきた。眠れる森の美女（Sleeping Beauty）は、脊椎動物で活性があるもう一つのTc1/marinerファミリーに属する。ヒト、マウス、ゼブラフィッシュで転位することが知られている。

浦崎明宏・川上浩一「脊椎動物におけるトランスポゾンを用いた遺伝学的方法論」（『実験医学』Vol. 25、羊土社、二〇〇七年）にも詳しい。

（7）ジョイ、ビル「未来は人類を必要としているか？」『Mac Power』二〇〇〇年一〇月号、八九頁。

第9章

（1）二〇一〇年の暮れには、同じくマックス・プランク研究所などの研究で、ネアンデルタール人と重なる時期、ロシア・アジアに暮らしていた別の人類「デニソワ人」がネアンデルタール人と遺伝的に近く、しかも、デニソワ人の遺伝子が現代の海の民メラネシア人に受け継がれていることが分かった。十二月二十三日付けの「ネイチャー」を参照のこと。

（2）アイヌ民族は北海道だけでなく、サハリン、千島列島や本州にも暮らしてきた。北大大学院理学研究院の増田隆一准教授らの研究グループがオホーツク人のミトコンドリアDNAを調べ、アイヌ民族には、縄文人や現代日本人にはほとんどないが、オホーツク文化人や現代の北東アジアの諸民族に顕著なハプロタイプYが約二〇％の割合で見られることを突き止めた。二〇〇九年に日本人類学会の英語電子版「アンスロポロジカル・サイエンス」に掲載されている。

（3）旧約聖書コヘレトの言葉。

（4）Joseph Rotblat。物理学者。平和運動家。一九〇八年ポーランドに生まれ、のちに英国に帰化。ラッセル＝アインシュタイン宣言に署名するなど反核・平和を貫く。パグウォッシュ会議には一九五七年の創設からかかわり、七八年から八八年まで英パグウォッシュの会長、八八年から九七年までは会議全体の会長を務める。一九九五年にパグウォッシュ会議とともにノーベル平和賞を受賞。二〇〇五年に九十六歳で逝去した。

参考文献

＊参考文献からの引用に際しては、原文の意味を変えない範囲で表記を統一している。
＊引用文中の〔　〕のうち、特に但し書きのないものは、すべて小坂による補足である。
＊文中に出てくる文献の中で、日本語の書名の後に括弧書きで英文の書名が付されているものは、邦訳が出ておらず、原典からの引用である。日本語の書名は著者訳。

アップルヤード、ブライアン、山下篤子訳『優生学の復活？——遺伝子中心主義の行方』（毎日新聞社、一九九九年）（Appleyard, Bryan（1998）*Brave New Worlds*）

池田清彦・金森修『遺伝子改造社会　あなたはどうする』（洋泉社、二〇〇一年）

伊勢田哲治・樫則章編『生命倫理学と功利主義』〈叢書　倫理学のフロンティア17〉（ナカニシヤ出版、二〇〇六年）

伊藤芳明『ボスニアで起きたこと』（岩波書店、一九九六年）

厳佐庸『数理生物学入門　生物社会のダイナミックスを探る』（共立出版、一九九八年）

ウィリアムズ、ジョージ、長谷川眞理子訳『生物はなぜ進化するのか』〈サイエンス・マスターズ9〉（草思社、一九九八年）（Williams, George C.（1997）*The Pony Fish's Glow*）

ウィルソン、エドワード・O、岸由二訳『人間の本性について』（思索社、一九九〇年）

——、荒木正純訳『ナチュラリスト（上・下）』（法政大学出版局、一九九六年）
——、伊藤嘉昭監訳『社会生物学』（新思索社、一九九九年）
——、山下篤子訳『知の挑戦』（二〇〇二年、角川書店）（Wilson, Edward O.（1998）*Consilience*）
ウィルマット、イアン／キャンベル、キース／タッジ、コリン、牧野俊一訳『第二の創造——クローン羊ドリーと生命操作の時代』（岩波書店、二〇〇二年）（Wilmut, Ian, Campbell, Keith & Tudge, Colin（2000）*The Second Creation: Dolly and the Age of Biological Control*）
内井惣七『科学の倫理学』〈現代社会の倫理を考える　第六巻〉（丸善、二〇〇二年）
浦崎明宏・川上浩一「脊椎動物におけるトランスポゾンを用いた遺伝学的方法論」『実験医学』Vol. 25（羊土社、二〇〇七年）
岡本裕一朗『異議あり！　生命・環境倫理学』（ナカニシヤ出版、二〇〇二年）
ハックスリー（ハクスリー）、オルダス、松村達雄訳『すばらしい新世界』〈講談社文庫〉、（一九七四年、講談社）
カク、ミチオ、野本陽代訳『サイエンス21』（翔泳社、二〇〇〇年）
カス、レオン・R、堤理華訳『生命操作は人を幸せにするのか——蝕まれる人間の未来』（日本教文社、二〇〇五年）（Kass, Leon R.（2002）*Life, Liberty and the Defense of Dignity: The Challenge for Bioethics*）
——、倉持武訳『治療を超えて——バイオテクノロジーと幸福の追求（大統領生命倫理評議会報告）』（青木書店、二〇〇五年）（Kass, Leon R. & Safire, William（2003）*Beyond Therapy: Biotechnology and the Pursuit of Happiness A Report of the President's Council on Bioethics*）
カーター、リタ、養老孟司監修、藤井留美訳『脳と心の地形図——思考・感情・意識の深淵に向かって』

（原書房、一九九九年）
カーツワイル、レイ、徳田英幸訳『NHK未来への提言——加速するテクノロジー』（日本放送出版協会、二〇〇七年）
上岡義雄『神になる科学者たち——21世紀科学文明の危機』（日本経済新聞社、一九九九年）
川本隆史『ロールズ　正義の原理』（講談社、二〇〇五年）
ギグリエリ、マイケル・P、松浦俊輔訳『男はなぜ暴力をふるうのか——進化から見たレイプ・殺人・戦争』（朝日新聞社、二〇〇二年）
北野宏明・竹内薫『したたかな生命——進化・生存のカギを握るロバストネスとはなにか』（ダイヤモンド社、二〇〇七年）
木村資生編『遺伝学から見た　人類の未来』（培風館、一九七四年）
木元新作『集団生物学概説』（共立出版、一九九三年）
キュール、シュテファン、麻生九美訳『ナチ・コネクション——アメリカの優生学とナチ優生思想』（明石書店、一九九九年）（Kühl, Stefan（1994）*The Nazi Connection: Eugenics, American Racism and German National Socialism*）
グラバー、ジョナサン、加藤尚武・飯田隆訳『未来世界の倫理——遺伝子工学とブレイン・コントロール』（産業図書、一九九六年）（Glover, Jonathan（1989）*Ethics of New Reproductive Technologies: The Glover Report to the European Commission*）
グールド、スティーヴン・ジェイ、櫻町翠軒訳『パンダの親指——進化論再考（上・下）』（早川書房、一九八六年）（Gould, Stephen Jay（1980）*The Panda's Thumb*）

クレイ、キャトリーン／リープマン、マイケル、柴崎昭則訳『ナチスドイツ支配民族創出計画』（現代書館、一九九七年）
ゴイティソーロ、ファン、山道佳子訳『サラエヴォ・ノート』（みすず書房、一九九四年）（Goytisolo, Juan（1993）*Cuaderno de Sarajevo: Anotaciones de un viaje a la barbarie*）
小林正弥『サンデルの政治哲学――〈正義〉とは何か』〈平凡社新書〉（平凡社、二〇一〇年）
酒井聡樹・高田壮則・近雅博『生き物の進化ゲーム――進化生態学最前線：生物の不思議を解く』（共立出版、一九九九年）
桜井徹『リベラル優生主義と正義』（ナカニシヤ出版、二〇〇七年）
サンデル、マイケル、鬼澤忍訳『これからの「正義」の話をしよう――今を生き延びるための哲学』（早川書房、二〇一〇年）（Sandel, Michael J.（2009）*Justice: What's the Right Thing to Do?*）
――、林芳紀・伊吹友秀訳『完全な人間を目指さなくてもよい理由――遺伝子操作とエンハンスメントの倫理』（ナカニシヤ出版、二〇一〇年）
シグムンド、カール、冨田勝監訳、慶應義塾大学冨田研究室訳『数学でみた生命と進化――生き残りゲームの勝者たち』〈ブルーバックス〉（講談社、一九九六年）
ジョイ、ビル「未来は人類を必要としているか？」（原題「Why the future doesn't need us」、パソコン誌MacPowerに二〇〇〇年八月号から同年十一月号まで連載）
ジョーンズ、スティーヴ、河田学訳『遺伝子――生／老／病／死の設計図』（白揚社、一九九九年）（Jones, Steve（1993）*The Language of the Genes*）
シルヴァー、リー・M、東江一紀・真喜志順子・渡会圭子訳『複製されるヒト』（翔泳社、一九九八年）

（Silver, Lee M.（1997）*Remaking Eden*）
――、楡井浩一訳『人類最後のタブー――バイオテクノロジーが直面する生命倫理とは』（日本放送出版協会、二〇〇七年）（Silver, Lee M.（2006）*Challenging Nature*）
スミス、J・メイナード、木村武二訳『生物学のすすめ』〈科学選書3〉（紀伊國屋書店、一九九〇年）（Maynard Smith, John（1986）*The Problems of Biology*）
――『進化遺伝学』（産業図書、一九九五年）
セーゲルストローレ、ウリカ、垂水雄二訳『社会生物学論争史（1・2）』（みすず書房、二〇〇五年）（Segerstråle, Ullica（2000）*Defenders of the truth: the battle for science in the sociobiology debate and beyond*）
デイリー、マーティン／ウィルソン、マーゴ、長谷川眞理子・長谷川寿一訳『人が人を殺すとき――進化でその謎をとく』（新思索社、一九九九年）
ドーキンス、リチャード、日高敏隆・岸由二・羽田節子・垂水雄二訳『利己的な遺伝子』〈科学選書9〉（紀伊國屋書店、一九九一年）（Dawkins, Richard（1976）*The Selfish Gene*）
――、日高敏隆・岸由二・羽田節子訳『生物＝生存機械論』（紀伊國屋書店、一九八〇年）（Dawkins, Richard（1976）*The Selfish Gene*）
――、中嶋康裕他訳、日高敏隆監修『ブラインド・ウォッチメイカー　自然淘汰は偶然か？』（早川書房、一九九三年）
――、垂水雄二訳『遺伝子の川』（草思社、一九九五年）
――、福岡伸一訳『虹の解体――いかにして科学は驚異への扉を開いたか』（早川書房、二〇〇一年）
徳永幸彦『絵でわかる進化論』〈講談社サイエンティフィク〉（講談社、二〇〇一年）

西田利貞『人間性はどこから来たか』（京都大学学術出版会、一九九九年）
ニーホフ、デブラ、吉田利子訳『平気で暴力をふるう脳』（草思社、二〇〇三年）
ノージック、ロバート、嶋津格訳『アナーキー・国家・ユートピア――国家の正当性とその限界』（木鐸社、二〇〇四年）（Nozick, Robert（1974）*Anarchy, State, and Utopia*）
ハッバード、ルース／ウォールド、イライジャ、佐藤雅彦訳『遺伝子万能神話をぶっとばせ』（東京書籍、二〇〇〇年）
ハーバーマス、ユルゲン、三島憲一訳『人間の将来とバイオエシックス』〈叢書 ウニベルシタス〉（法政大学出版局、二〇〇四年）（Habermas, Jurgen（2001）*Die Zukunft der Menschlichen Natur: Auf dem Weg zu einer liberalen Eugenik?*）
日高敏隆『利己としての死』〈叢書 死の文化8〉（弘文堂、一九八九年）
ヒトラー、アドルフ、平野一郎・将積茂訳『わが闘争（上・下）』〈角川文庫〉（角川書店、一九七三年）
フクヤマ、フランシス、鈴木淑美訳『人間の終わり――バイオテクノロジーはなぜ危険か』（ダイヤモンド社、二〇〇二年）（Fukuyama, Francis（2002）*Our Posthuman Future: Consequences of the Biotechnology Revolution*）
ブラウン、アンドリュー、長野敬・赤松眞紀訳『ダーウィン・ウォーズ』青土社、二〇〇一年（Brown, Andrew（1999）*The Darwin Wars*）
ブラウン、T・A、村松正実、木南凌監訳『ゲノム――新しい生命情報システムへのアプローチ　第三版』、（メディカル・サイエンス・インターナショナル、二〇〇七年）
フランク、ロバート、山岸俊男監訳『オデッセウスの鎖――適応プログラムとしての感情』（サイエンス社、

一九九五年）

プロッツ、デイヴィッド、酒井泰介訳『ジーニアス・ファクトリー――ノーベル賞受賞者精子バンクの奇妙な物語』（早川書房、二〇〇五年）（Plotz, David（2005）*The Genius Factory: The Curious History of the Nobel Prize Sperm Bank*）

プロミン、ロバート、安藤寿康・大木秀一訳『遺伝と環境――人間行動遺伝学入門』（培風館、一九九四年）（Plomin, Robert（1990）*Nature and Nurture: An Introduction to Human Behavioral Genetics*）

ベーレンバウム、マイケル、芝健介監修、石川順子・高橋宏訳『ホロコースト全史』（創元社、一九九六年）

ホー、メイワン、小沢元彦訳『遺伝子を操作する――ばら色の約束が悪夢に変わるとき』（三交社、二〇〇〇年）

ポラック、ロバート、中村桂子・中村友子訳『ＤＮＡとの対話――遺伝子たちが明かす人間社会の本質』〈ハヤカワ文庫ＮＦ〉（早川書房、二〇〇〇年）（Pollack, Robert（1994）*Signs of Life*）

ポルトマン、アドルフ、高木正孝訳『人間はどこまで動物か――新しい人間像のために』〈岩波新書〉（岩波書店、一九六一年）

松沢哲郎『想像するちから――チンパンジーが教えてくれた人間の心』（岩波書店、二〇一一年）

松田純『遺伝子技術の進展と人間の未来――ドイツ生命環境倫理学に学ぶ』（知泉書館、二〇〇五年）

モラヴェック、ハンス、野崎昭弘訳『電脳生物たち』（岩波書店、一九九一年）（Moravec, Hans（1988）*Mind Children*）

――、夏目大訳『シェーキーの子どもたち――人間の知性を超えるロボット誕生はあるのか』（翔泳社、

二〇〇一年）（Moravec, Hans（1999）*Robot: mere machine to transcendent mind*）
盛山和夫『リベラリズムとは何か――ロールズと正義の論理』（勁草書房、二〇〇六年）
八杉龍一監修『生命の起源・進化』〈現代生物学大系14〉（中山書店、一九六六年）
山岸俊男『信頼の構造――こころと社会の進化ゲーム』（東京大学出版会、一九九八年）
ユヌス、ムハマド／ジョリ、アラン、猪熊弘子訳『ムハマド・ユヌス自伝』（早川書房、一九九八年）
吉岡達也『殺しあう市民たち』（第三書館、一九九三年）
ヨナス、ハンス、加藤尚武監訳『責任という原理――科学技術文明のための倫理学の試み』（東信堂、二〇〇〇年）（Jonas, Hans（1979）*Das Prinzip Verantwortung: Versuch einer Ethik für die technologische Zivilisation.*）
米倉茂『サブプライムローンの真実――21世紀型金融危機の「罪と罰」』（創成社、二〇〇八年）
米本昌平・松原洋子・橳島次郎・市野川容孝『優生学と人間社会――生命科学の世紀はどこへ向かうのか』〈講談社現代新書〉（講談社、二〇〇〇年）
ライアン、フランク、夏目大訳『破壊する創造者――ウイルスがヒトを進化させた』（早川書房、二〇一一年）
ライト、ロバート、野村美紀子訳『3人の「科学者」と「神」――情報時代に「生の意味」を問う』（どうぶつ社、一九九〇年）
――、竹内久美子監訳、小川敏子訳『モラル・アニマル（上・下）』（講談社、一九九五年）
リドレー、マット、岸由二監修、古川奈々子訳『徳の起源――他人をおもいやる遺伝子』（翔泳社、二〇〇〇年）

―――、中村桂子・斉藤隆央訳『ゲノムが語る23の物語』（紀伊國屋書店、二〇〇〇年）
リュビー、マルセル、菅野賢治訳『ナチ強制・絶滅収容所――18施設内の生と死』（筑摩書房、一九九八年）
レウォンティン、リチャード、川口啓明訳『遺伝子という神話』（大月書店、一九九八年）
ワトソン、ライアル、旦敬介訳『ダーク・ネイチャー――悪の博物誌』（筑摩書房、二〇〇〇年）（Watson, Lyall（1995）*Dark Nature*）
ワーノック、メアリー、上見幸司訳『生命操作はどこまで許されるか――人間の受精と発生学に関するワーノック・レポート』（協同出版、一九九二年）

Agar, Nicholas（2004）*Liberal Eugenics: In Defence of Human Enhancement*. Blackwell publishing.
Edited by Barkow, Jerome H., Leda Cosmides, and John Toody（1992）*The Adapted Mind: Evolutionary Psychology and the Generation of Culture*, Oxford University Press.
Bromhall, Clive（2003）*The Eternal Child: An Explosive New Theory of Human Origins and Behaviour*, Ebury Press.
Buchanan, Allen, Dan W. Brock, Norman Daniels and Daniel Wilker（2000）*From Chance to Choice: Genetics & Justice*, Cambridge University Press.
Chagnon, N. A.（1996）“Chronic problems in understanding tribal violence and warfare,” In: “*Genetics of Criminal and Antisocial Behaviour Ciba Foundation Symposium No.194*” pp. 202–232, Ciba Foundation.
Daly, Martin（1996）“Evolutionary adaptationism: another biological approach to criminal and antisocial

behaviour", In: "*Genetics of Criminal and Antisocial Behaviour Ciba Foundation Symposium No.194*" pp. 183–195, Ciba Foundation.

Daly, Martin and Margo Wilson (1998) *The Truth About Cinderella: A Darwinian View of Parental Love*, Weidenfeld & Nicolson.

Dentan, Robert Knox (1979) *The Semai: A Nonviolent People of Malaya*. Holt, Rinehart and Winston.

——— (2008) *Overwhelming Terror: Love, Fear, Peace, and Violence among Semai of Malaysia Rowman & Little field*

Dworkin, Ronald M. (2000) *Soveign Virtue: The theory and practice of equality*, Harvard University Press.

Frank, Steven A. (1995) "George Price's Contributions to Evolutionary Genetics", In: *Journal of Theoretical Biology*, 175, 373–388.

Gadagkar, Raghavendra (1993) "Can animals be spiteful?", In: *Trends in Ecology & Evolution* 8: 232–4.

Glover, Jonathan (1996) "The implications for responsibility of possible genetic factors in the explanation of violence", In: *Genetics of Criminal and Antisocial Behaviour Ciba Foundation Symposium*, No. 194, pp. 237–247, Ciba Foundation.

——— (1999) *Humanity: A Moral History of the Twentieth Century*, Yale University Press

Hamilton, William D. (1970) "*Selfish and spiteful behaviour in an evolutionary model*", In: *Nature*, 228, 1218–1220.

——— (1996) *Narrow Roads of Gene Land: The Collected Papers of W.D.Hamilton Volume 1 Evolution of Social Behaviour*, Oxford, New York, Heidelberg.

Harris, John (1993) "Is Gene Therapy a Form of Eugenics?" In: *Bioethics*, Vol. 7 No. 2 & 3, Blackwell Publishers.

Edited by Harris, John and Soren Holm (1998) *The Future of Human Reproduction: Ethics, Choice, and Regulation*. Clarendon Press.

Harris, Marvin and Orna Johnson (1995) *Cultural Anthropology* Harper & Row.

Hastie, Reid and Robyn M. Dawes (2001) *Rational Choice in an Uncertain World: The Psychology of Judgement and Decision Making*, Sage Publications.

Keller, L. et al. (1994) "Spiteful animals still to be discovered", In: *Trends in Ecology and Evolution*, 9, 103

Kosaka, Yousuke (2003) *How should we deal with harmful human behaviour caused by genes?: Is genetic intervention possible and, if so, permissible?* Green College, Oxford University, Reuters Foundation Programme Paper.

Lewontin, Richard (1982) *Human Diversity*, Scientific American Library.

Maynard Smith, John (1972) *On Evolution*, EdinburghUniversity Press.

Maynard Smith, John and George R. Price (1973) "The Logic of animal conflict", In: *Nature*, 246, 15–18.

Mead, Margaret (1937) *Cooperation and Competition among Primitive Peoples* McGraw-Hill

Nuffield Council on Bioethics (2002) *Genetics and human behaviour: the ethical context*, Report of Nuffield Council on Bioethics

Orbell, John and Robyn M. Dawes (1993) "Social welfare, cooperator's advantage, and the option of not playing the game", In: *American Sociological Review* Vol. 58. pp. 787–800. American Sociological Association.

Pinker, Steven (2002) *The Blank Slate: The Modern Denial of Human Nature*, Penguin Books.

Price, George R. (1957) "Arguing the Case for Being Panicky: Scientist projects blackmail steps by which Russia could conquer us." In: *Life*. 18th of November 1957.

——— (1970) "Selection and covariance", In: *Nature*, 227, 520–521.

——— (1972) "Fisher's 'fundamental theorem' made clear", In: *Annual of human Genetics*. 35, 485–490.

——— (1995) "The nature of selection", In: *Journal of Theoretical Biology*. 175, 389–396. (written circa 1971)

Rawls, John (1971) *A Theory of Justice*, Belknap Press of Harvard University Press.

——— (1999) *A Theory of Justice*, Oxford University Press.

Savulescu, Julian & Nick Bostrom ed. (2009) *Human Enhancement*, Oxford University Press

Schwartz, James (2000) "Death of an Altruist: Was the Man Who Found the Selfless Gene Too Good for this World?" In: *Lingua Franca*.

Silver, Lee M. (1998) *Remaking Eden: Cloning and Beyond in a Brave New World*, Weidenfeld & Nicolson.

Sober, Elliott and David Sloan Wilson (1998) *Unto Others: The Evolution and Psychology of Unselfish Behavior*, Harvard University Press.

Stock, Gregory and John Campbell ed. (2000) *Engineering the Human Germline: An Exploration of the Science of Altering the Genes We Pass to Our Children*, Oxford University Press.

Wrangham, Richard and Dale Peterson (1996) *Demonic Males: Apes and the Origins of Human Violence*, Bloomsbury.

Zimbardo, Philip G. (2007) *The Lucifer Effect: Understanding How Good People Turn Evil*, Random House.

あとがき

イギリスのオックスフォード大学で生命倫理や人の遺伝子改良の是非を研究していて、指導教官のジュリアン・サヴレスク教授から「君の生命倫理観は私のとずいぶん違うように感じるが、それは日本人に独特な発想から来るものなのかね」と尋ねられたことがあった。教授はリベラル優生学を代表する一人で、私はその考えに次第に違和感を覚え、方向性の違いが鮮明になってきていた。

ほぼ毎週の一時間前後の一対一の審問で、質問の翌週、私は、肉親の戦死した場所を繰り返し訪ねて遺骨を集めるとか、脳死移植法ができた後も臓器の提供者がなかなか現われない抵抗感だとか、日本人の独特の死生観や身体観をコンパクトにまとめて報告した。日常的には意識されることがなくても、人間もまた大きな自然の一部であり、体は単なる魂の入れ物ではなく、そこここに命が宿っているという感覚を、おそらくは多くの日本人が持っているのではないかという内容だった。自分が抵抗を覚えるのは日本人だからなのかはいまだによく分からないけれど、現実にアメリカを中心に進みつつある優生主義的な子どもの獲得には「待てよ」と言いたい思いがあった。

着床前遺伝子診断を例に取っても、日本では日本産科婦人科学会が出した「重い遺伝性の病気に限って、個別に審査して認める」とする方針に医師が従ってきたことから、規制がないアメリカと比べて今や大きくかけ離れるに至った。二〇〇四年に神戸市の産婦人科病院が遺伝子診断を無申請で行ない、しかも男女産み分けにも使っていたことが明るみに出て、学会で縛りをかけても限界があることが露呈し、どういうあり方がいいのか、議論も巻き起こした。その後、検討はあまり進んでいるようには見えないが、いずれにしても、ことヒトへの遺伝子介入をめぐっては、何もアメリカの後追いをすることはないと私は考えている。

未来を先取りして、「人間の遺伝子改良」の是非を考えるのが本書の目的だった。優生学が犯した過去の過ちや、良くも悪くもヒトゲノムの解明に注目が集まる現代社会、改良思想の推進・慎重両派が火花を散らす論戦……。そこから遺伝子改良社会への期待と誘惑、その裏側に潜む危険や落とし穴を洗い出してきた。

新たなステップに踏み出していく論拠には、最大多数の最大幸福を原理とする功利主義があり、もう一方には個々人の選択に委ねれば過去のおぞましい優生学から逃れられると主張する新派「リベラル優生学」がある。さらには、あらゆる規制を排除して遺伝子のスーパーマーケットまで提唱するリバータリアニズム（自由至上主義）や、悪意をなくすための集団的な遺伝子改良を模索する立場もある。

だが、さまざまな立場を吟味するうち、私は、こと遺伝子改良においては、これまでの社会思想や政治哲学をそのまま当てはめてゴーサインを出すわけにはいかないのではないかと思うに至った。「レールのポイントの切り替え」という表現を使ってもけっして大げさではないほど、遺伝子改良に踏み出すか否かは人類の将来を左右する一大問題なだけに、慎重に討議を重ねることが何より重要となる。その意味でも、本書は具体的なエピソードと新味のある論点をできるだけ多く挙げて、本当にこのまま遺伝子改良に踏み出していいのかを問いただそうと試みた。

書き終えて改めて思うことは、本書には二十世紀から二十一世紀にかけての歴史の一端もにじみ出ているということである。ナチス・ドイツの優生学的思想、破綻したソ連のユートピア思想、ヨーロッパでさえ免れない戦争や紛争、そして、優生主義的な傾向を強めるアメリカ……。

亡命先のアメリカを終生の地としたハンナ・アーレントの言葉で最後、この考察を締めくくりたい。「ゆっくり考えてみようとする観察者、速力を落とそうとする行為者、すべての人が等しく、すさまじい力にしびれさせられ、マヒさせられている」

それがアメリカである――と、ハンナ・アーレントは一九七六年のアメリカ建国二百年を前に言葉を発した。

アーレントの言葉をひっくり返すと、こういう命題になる。

じっくり考えよ。すさまじい力に抗せよ。そして、決してマヒしてはならない。

本書は、オックスフォードでまとめ、大学に提出した論文「How should we deal with harmful

human behaviour caused by genes?: Is genetic intervention possible and, if so, permissible?（遺伝子によって引き起こされる悪意ある行動にどう対処すればいいか――遺伝子への介入は可能か、そうだとしても許されるか）」に加筆したものである。

タイトルがずばり言い表わしているように、当初の問題意識は、人間は、そのどうしようもない悪意から果たして抜け出すことができるのか、遺伝子改良はそれを可能にするのか、可能にするとしても、果たしてそうすべきか、というところにあった。

人はどこまで行っても民族対立や宗教対立、戦争や紛争での残虐さから逃れることはできないのだろうか。できないとすれば、最後の最後の手段として遺伝子改良も選択肢に入れなくてはならないのか。その議論一つとっても、深遠な哲学的問題が横たわっている。

原点にはウィリアム・ハミルトン博士とジョージ・プライス博士が見出した進化上の「身内びいき」と「疎遠なものに対する悪意」の問題があった。ハミルトン博士はオックスフォードからアフリカのコンゴにエイズウイルス（ＨＩＶ）の起源を調査に出かけて病に倒れ、三年前に世を去っていたが、ロンドン郊外のご実家では妹のメアリー・ブリスさんが温かく迎えてくれた。また、大英図書館に勤める弟子のジェレミー・ジョン博士からも貴重な情報をいただいた。

遺伝子改良の是非をめぐる研究では、オックスフォード大学セント・クロス・カレッジに所属するサブレスク教授のほか、世界初のクローン羊ドリーを誕生させた二人の科学者とも親しく『第二の創造』などの著作で知られる科学ジャーナリスト、コリン・タッジ氏、ロンドン大学ロンドン・スクール・オブ・エコノミクス（LSE）のオリヴァー・カレー教授からもご指導いただいた。

プライス博士の娘アンナマリーさんとキャスリンさんは、二人とも米カリフォルニア州のそれぞれのご自宅に私たち家族を招いてくれて、父親の手紙や資料を提供してくださった。カリフォルニア大学のスティーヴン・フランク教授、ボストン在住のジャーナリスト、ジェームズ・シュヴァルツさんにもご教示をいただいた。

プライス博士の生涯とハミルトン博士との間の知的交流は、拙著『破壊者のトラウマ――原爆科学者とパイロットの数奇な運命』（未來社、二〇〇五年）で詳しく紹介している。ご関心のある方は手に取っていただきたい。

イギリスでは、所属するオックスフォード大学グリーン・カレッジの建物の一室を借りて家族で住んだが、家族が寝静まってから、居間とダイニングをつなぐ廊下に机を移して専門書を読み、パソコンで論文を打った日々が懐かしく思い出される。熱気あふれるレクチャーや意見交換、各国の研究仲間や日本人研究者とパブやパーティーで語り合ったことも忘れがたい。

遺伝学や生物学、医学の基礎をご教授いただいた理化学研究所の中道礼一郎さん、北大大学院理学研究院の伊藤秀臣さん、釧路労災病院の村雲雅志さん、そして、京大名誉教授の日高敏隆先生には感謝の言葉もない。総合地球環境学研究所（京都）の初代所長としても大きなお仕事をされた日高先生のご冥福をお祈りしたい。

今年、日本は未曾有の東日本大震災に見舞われた。どれだけの人が亡くなり、どれだけの家屋が押し流され、どれだけの人が苦難の避難生活を余儀なくされているのか。重大な原発事故を起こしてしまった日本は同時に、積み上げてきた科学技術における信頼を海外でも失墜してしまった。二十一世紀を乗り切るために、私は欧米とは異なる日本人の感性が非常に重要な役割を果たすと信じている。ただ、今回の原発事故で浮かび上がったように、この国は、外とつながらず、外に開かれず、外からの指摘を受け入れない閉鎖社会を、政治家と官僚、企業、学者、さらに間接的にはマスコミがつくってしまう傾向がある。今回、それをきちんと検証して出直せるかどうかが、未来世代に希望をつなぐための試金石になるだろう。

フェロー（研究員）としてイギリスでの研究機会をいただいたロイター通信、ロイター財団、大和日英基金、そして、後押しをしてくれた父、母、妻の潮、長男直寛にも感謝している。

生命倫理についてのさまざまな専門書を出版されてきた京都のナカニシヤ出版からこのたびの原稿を出してもらえることは何より光栄である。編集者石崎雄高さんにも心から謝意を表したい。

二〇一一年五月

小坂洋右

■著者略歴
小坂洋右（こさか・ようすけ）
1961年札幌市生まれ。旭川市で育つ。北海道大学卒。英オックスフォード大学ロイター・ファウンデーション・ジャーナリスト・プログラム修了。アイヌ民族博物館勤務などを経て，1989年から北海道新聞記者。現在，編集委員。著書に『日本人狩り――米ソ情報戦がスパイにした男たち』（新潮社），『星野道夫　永遠のまなざし』（山と渓谷社），『アイヌを生きる　文化を継ぐ』（大村書店），『流亡――日露に追われた北千島アイヌ』（北海道新聞社），『破壊者のトラウマ　原爆科学者とパイロットの数奇な運命』（未來社）など。北海道庁公費乱用取材班として新聞協会賞，日本ジャーナリズム会議（JCJ）奨励賞を受賞。

人がヒトをデザインする
――遺伝子改良は許されるか――

2011年10月17日　初版第1刷発行

著者　小坂洋右
発行者　中西健夫

発行所　株式会社　ナカニシヤ出版
〒606-8161　京都市左京区一乗寺木ノ本町15
TEL（075）723-0111
FAX（075）723-0095
http://www.nakanishiya.co.jp/

印刷・製本／シナノ書籍印刷
＊落丁本・乱丁本はお取り替え致します。
ISBN978-4-7795-0568-3　Printed in Japan

完全な人間を目指さなくてもよい理由
—遺伝子操作とエンハンスメントの倫理—

マイケル・J・サンデル／林芳紀・伊吹友秀訳

話題の政治哲学者が、遺伝子操作などの倫理的問題について「贈られたものとしての生」という洞察から真摯に語った、人間とテクノロジーについての必読の一冊。　一八九〇円

現代を生きてゆくための倫理学

栗原　隆

現代世界において露呈する、個人の自己決定権の限界を見据え、現代の諸問題を共に考えることで、未来への倫理感覚を磨き上げ、知恵の倫理の可能性を開く一冊。　二七三〇円

現代の倫理的問題

長友敬一

西洋倫理思想を踏まえ、脳死臓器移植・地球温暖化問題・エンハンスメントなど、応用倫理の定番のテーマから最新のテーマまで分かりやすく解説する標準的入門書。　二八三五円

倫理空間への問い
—応用倫理学から世界を見る—

馬渕浩二

現実を具体的に論じる応用倫理の原点に返り、安楽死、エンハンスメント、環境、世代、海外援助、戦争、資本主義、自由主義、の八つの主題に挑む応用倫理学の真髄。　二八三五円

生命と情報の倫理
—『新スタートレック』に人間を学ぶ—

渡部　明

人間と人工知能の差異、ネットワーク倫理、遺伝子操作、死刑問題など、名作SFのエピソードに込められた問題群を題材に考える、ユニークな倫理学入門。　二五二〇円

表示は二〇一一年十月現在の税込み価格です。